北方大型人工湿地
工法与营造

刘 旭　高志永　王凯军　李咏红　王利军　张鸿涛　著

科学出版社
北京

内 容 简 介

　　本书主要针对我国北方地区，尤其是水资源极度短缺的京津冀地区的城市污水处理厂退水及微污染河湖水体的水质特征，以污水资源化利用、水环境质量改善、水生态系统功能提升、生物多样性保护为目标，构建大型人工湿地净化水质，提升生态景观效果。根据不同的工艺功能，把湿地系统划分成 18 种人工湿地工法，并集成了 11 个京津冀地区湿地工程的营造应用案例。本书对人工湿地的建设，更好地呈现中国湿地设计之美，具有重要的指导意义和借鉴作用。

　　本书可供环境科学和生态学等相关专业的本科生、研究生及从事相关研究的人员参考，也可作为人工湿地工程设计人员、湿地运营维护人员，以及从事环境管理的政府部门工作人员借鉴。

图书在版编目（CIP）数据

北方大型人工湿地工法与营造 / 刘旭等著. —北京：科学出版社，2022.6
ISBN 978-7-03-072176-1

Ⅰ. ①北… Ⅱ. ①刘… Ⅲ. ①人工湿地系统－研究－北方地区 Ⅳ. ①X703

中国版本图书馆CIP数据核字（2022）第073217号

责任编辑：周　杰　王勤勤 / 责任校对：樊雅琼
责任印制：肖　兴/ 封面设计：无极书装

科学出版社 出版
北京东黄城根北街16号
邮政编码：100717
http://www.sciencep.com

北京九天鸿程印刷有限责任公司 印刷
科学出版社发行　各地新华书店经销

*

2022年6月第　一　版　开本：889×1194　1/12
2022年6月第一次印刷　印张：18 1/2
字数：500 000
定价：300.00元
（如有印装质量问题，我社负责调换）

作者简介

刘旭

清华大学环境工程博士，北京东方园林环境股份有限公司研究院院长，北京东方利禾景观设计有限公司董事长，高级工程师。组织和参与多项国家级和省市级课题，包括国家水体污染控制与治理科技重大专项"京津冀典型脆弱生态修复与保护研究""东江高度集约开发区域水质风险控制与水生态功能恢复技术集成及综合示范"，北京市科技计划课题"人工荒漠藻生态修复技术研发与示范"。

高志永

清华大学环境工程博士后，中持水务股份有限公司副总经理，高级工程师，清华大学（环境学院）－中持水务股份有限公司中小城市环境绿色基础设施联合研发中心执行主任。参与申报多项国家重大水专项课题，并作为技术负责人推动课题执行；主持多个大型水生态项目；作为项目负责人完成了龙河、老龙河等生态湿地项目的执行。主要研究方向：环境技术管理与评估、河道水环境治理、生态修复与湿地建设。

王凯军

清华大学环境学院教授，中国沼气学会理事长，原国家环境保护部科学技术委员会委员，原国家环境保护技术管理与评估工程技术中心主任，国家水体污染控制与治理科技重大专项总体组专家。在荷兰瓦格宁根大学环境技术系获得博士学位，曾任北京市环境保护科学研究院总工程师。主要研究方向：城市污水和工业废水处理及资源化理论与方法、城市与农业废弃物处理及可再生能源技术开发、环境保护政策、标准研究与产业化等。

李咏红

北京东方园林环境股份有限公司水生态环境设计研究所所长，副研究员。主要从事生态修复、水环境及水生态等领域的科研、规划与设计工作。主持或参与了"十二五""十三五"国家水体污染控制与治理科技重大专项、"十三五"国家重点研发项目以及北京市科技计划项目等十余项国家重大科研项目；负责完成四十余项区域、流域生态保护规划及河湖水环境综合治理工程项目。主编著作两部，主编或参编标准 5 项，授权发明专利 5 项。

王利军

北京市水利规划设计研究院生态环境所所长，教授级高级工程师。主要从事水生态、水环境、水土保持领域的科研、规划与设计工作。主持"十三五"国家水体污染控制与治理科技重大专项独立课题一项，获得中国共产党北京市委员会组织部授予的北京市优秀人才培养资助。获得中国水利工程优质（大禹）奖一项，中国水土保持学会科学技术奖一等奖一项、二等奖两项。主编著作两部，参编规程、规范、指南、设计手册等 8 部。

张鸿涛

北京国环清华环境工程设计院副院长、教授级高级工程师，国家环境保护技术管理与评估工程技术中心副主任，"十三五"国家水体污染控制与治理科技重大专项"京津冀南部功能拓展区廊坊水环境综合整治技术与综合示范"项目负责人。承担完成"十一五""十二五"国家水体污染控制与治理科技重大专项、国家高技术研究发展计划（863）和国家科技支撑等项目十余项，获省部级科技进步优秀勘察设计奖 7 项，主持完成百余项工程咨询和设计。

前言

人工湿地是指模拟自然湿地的结构与功能，人为建造的用于污水处理设施，利用物理、化学和生物三重协同作用来实现对污水净化的污水处理生态系统。根据水流形态，人工湿地分为潜流人工湿地和表面流人工湿地两种基本形式。人工湿地在欧洲、美国、加拿大等地的应用已达到相当规模，主要用来处理生活污水、工业废水及农业废水等，其独特的净化效果已不断为人们所认识，并逐渐在世界范围内被广泛应用。随着技术研究的深入和工艺的改进，人工湿地已成为一种较为完备和独立的污水处理技术，处理规模也越来越大，处理对象逐步扩展至地表雨水径流、河湖微污染水及污水处理厂退水等。

京津冀地区湿地总面积 129.62 万公顷，包含天然湿地 87.36 万公顷、人工湿地 42.26 万公顷，涵盖了河流湿地、湖泊湿地、沼泽湿地、滨海湿地和人工湿地 5 大类型 20 多种湿地型。总体来看，京津冀地区湿地生态功能多样，动植物资源丰富，具有重要的生态价值、经济价值与科研价值。湿地不仅有涵养水源、提升水体水质、保护生态多样性、调节小气候等生态功能，还兼具提升生态景观效果、提供休闲娱乐旅游场所的社会功能。

《北方大型人工湿地工法与营造》主要针对城市污水处理厂退水（一般 > 30 000m³/d）或微污染河湖水体的水质特征，以污水资源化利用、水环境质量改善、水生态系统功能提升为目标，构建大型人工湿地净化水质，并有效提升生态景观效果。对水资源极度短缺的京津冀地区来说，建设集水资源利用、水质净化、水景观提升等为一体的大型人工湿地具有重要意义，对北方地区人工湿地的建设也具有重要的指导和借鉴作用。本书自策划、拟稿到出版，历时两年时间，终于与读者见面。

本书分为上、下两卷。

上卷《工法篇》主要介绍人工湿地及相关组合技术的工艺工法，包括预处理工法、水平潜流湿地工法、垂直潜流湿地工法、复合垂直流湿地工法、表流湿地工法、生态塘工法、生态护岸工法等 18 项工法技术，从进出水系统、池体构造、防渗材料、填料级配、植物配置、生态护岸形式与结构等方面，按照工法、技法、详图的逻辑，逐级总结了各个工艺工法的特点，图文并茂，简洁明晰。

下卷《营造篇》则主要围绕工法在京津冀地区的一些超大型人工湿地中的应用进行分析。本书选取了廊坊市龙河人工湿地工程、廊坊市老龙河人工湿地工程、滨海工业带人工湿地工程、三里河潜流湿地工程、官厅水库八号桥水质净化湿地工程、府河河口湿地水质净化工程、洋河水库河口湿地修复工程、北运河河道岸边带修复工程、独流减河天津宽河槽湿地改造工程、永定河绿色生态发展带"五湖一线"生态工程、廊坊市大清河水质净化工程共计 11 个案例。这些案例全部是针对大型城市污水出水、微污染河道水达到水质功能区要求进行设计和建设的。它们与污水处理厂一起，构成了京津冀地区的污水超净排放系统。

在"碳达峰""碳中和"背景下，本书希望更好地呈现中国湿地设计之美与中国环保人的独特匠心，力求有情、有趣、有用。希望本工法对北方气温低、水资源极度短缺的京津冀地区及北方地区的人工湿地建设具有一定指导和借鉴意义，能为从事生态湿地建设的从业者乃至所有环保工作者们提供参考！衷心希望能与读者见字如面，共同完善和创新我国大型人工湿地建设模式与改进方向，发挥人工湿地蕴含的巨大创造性能量，最终实现生态文明建设框架下大型人工湿地在社会、经济、环境等方面的效益最大化，服务于生态环境保护与经济高质量发展的和谐统筹。

本工法在北京东方园林环境股份有限公司、中持水务股份有限公司、清华大学、北京市水利规划设计研究院、北京国环清华环境工程设计院等多单位的支持下，得以完成。在成稿过程中，北京东方园林环境股份有限公司赵斯佳、杨春梅、徐志、王学杰、刘涛、贾炜、秦雅飞、高鹏杰、董明明、王春燕等参与上卷工法部分内容编辑工作。中持水务股份有限公司宋洪涛、李海丽、赵奕、王瑶、汤双宇等参与了下卷部分 11 个案例内容的编辑工作。

本工法大部分案例是水专项的研究成果，由众多水专项参与单位提供素材和直接参加了部分编写工作，具体如下：廊坊市龙河人工湿地工程以及廊坊市老龙河人工湿地工程案例由中持水务股份有限公司提供，李凤银、刘英华、姚东等给予支持。滨海工业带人工湿地工程案例由天津市生态环境科学研究院提供，邹峰等给予支持。八号桥湿地、三里河潜流湿地等案例由北京市水利规划设计研究院提供，高晓薇、刘学燕、王文冬等协助整理。府河河口湿地水质净化工程案例由北京林业大学提供，张盼月、张亚杰等给予支持。洋河水库河口湿地修复工程案例由山东大学提供，胡振、张建给予支持。北运河河道岸边带修复工程案例由天津市水利科学研究院提供，董立新、朱金亮给予支持。独流减河天津宽河槽湿地改造工程由天津水利科学研究院和河北大学提供，王洪杰、李保国等给予支持。永定河绿色生态发展带"五湖一线"生态工程由中国水利水电科学研究院提供，骆辉煌等给予技术支持。廊坊市大清河水质净化工程由北京国环清华环境工程设计研究院有限公司提供，黄守斌等参与。

在本书出版过程中，清华大学刘秋琳负责组织、协调推进本工法的编辑和出版工作，并负责最终本书文字的校改等工作。

衷心感谢一起参与工法编制工作的各位同仁，以及由于篇幅有限未署名的参与单位及相关同事。

目 录

工法篇

何为工法

中国最早的工法可以追溯到九百年前，北宋著名建筑学家李诚先生编制了《营造法式》。一九三一年，梁思成先生与中国营造学社一同开始对中国古建筑展开系统的考察与研究，大致廓清了中国古代建筑的发展脉络，并著《图像中国建筑史》手绘图一书。

受李诚先生《营造法式》及梁思成先生《图像中国建筑史》手绘图等书的启发，《北方大型人工湿地工法与营造》应运而生。

何为工法？工法是指以工程为对象，工艺为核心，运用系统工程的原理，经过工程实践形成的综合配套的施工方法，具有先进、适用和保证工程质量与安全、环保、提高施工效率、降低工程成本等特点。

《北方大型人工湿地工法与营造》之上卷《工法篇》，把大家比较熟悉的各种湿地类型，根据不同的工艺功能，系统划分成 18 种人工湿地工法，从预处理工法，到不同类型的人工湿地工法（水平潜流、垂直潜流、复合垂直流、表流湿地等）和生态塘工法，以及与景观功能融合的生态护岸工法等。同时，基于每一种工法，又划分出了不同的技法和技法详图，囊括进出水系统、池体构造、防渗材料、填料级配、植物配置等方面，可以作为北方大型湿地技术的普及丛书，以及湿地工艺设计的工具书。

第1章
预处理工法

工法篇

1.1 简介

1.1.1 设置预处理的目的

来水水质超过后续设计湿地污染负荷时，需要设置预处理；

来水水质波动较大，且不稳定时，需要设置预处理；

来水水量较大，如处理量大于或等于 1000m³/d 时，需要设置预处理。

1.1.2 常用预处理工艺

前置库、生物滞留塘、沉砂池、沉淀池等常应用于大型人工湿地的预处理阶段。

1.1.3 如何选择预处理

进水水质水量变化较大时，应设置调节池实现均质均量；

污水的悬游物（SS）大于 100mg/L，可采用沉淀池进行沉淀。

1.1.4 各类预处理工艺

前置库：在大型河湖、水库内入水口处设置规模相对较小、用于净化来水的水域。

生物滞留塘：利用浅水洼或景观区中的土壤和植被来去除雨水径流中的污染物。将径流作为片流传递到治理区的工程设施。

沉砂池：以重力分离为主，去除污水中砂粒、砾石等比重较大颗粒。

沉淀池：去除污水中的悬浮物（SS）和部分化学需氧量（COD）。

1.2 工法一：前置库法

前置库是指在受保护的湖泊水体上游支流，利用天然或人工库塘拦截暴雨径流，通过物理、化学以及生物过程使径流中的污染物得以去除的技术。

1.2.1 基本结构及设施

生物群落配置：挺水植物群落、沉水植物群落、浮叶植物群落、浮游动物群落、底栖动物群落等。

工艺技术配置：微生态活水净化工艺、水生态系统构建技术、浮动湿地技术等。

增氧设备：太阳能曝气、潜水推流曝气以及微纳米曝气设备等。

透水坝：设置在前置库与河湖（或者后序处理工艺）之间，通过整个坝身渗流控制达到净化水质的目的，污水通过坝体两侧水头差从前置库往河湖渗透，控制坝体材料的渗透性即可达到延长停留时间的目的。

分区设计：

浅水区：水深 0~1.0m，以挺水植物为主，漂浮植物为辅。

深水区：水深 1.5~2.5m，为沉水植物及漂浮植物种植区。

1.2.2 工作原理

通过延长水力停留时间，促进水中泥沙及营养盐的沉降，同时利用库中大型水生植物、藻类等进一步吸收、吸附、拦截营养盐，从而降低进入下一级的水中营养盐的含量，抑制藻类过度繁殖，减缓富营养化进程，改善水质。

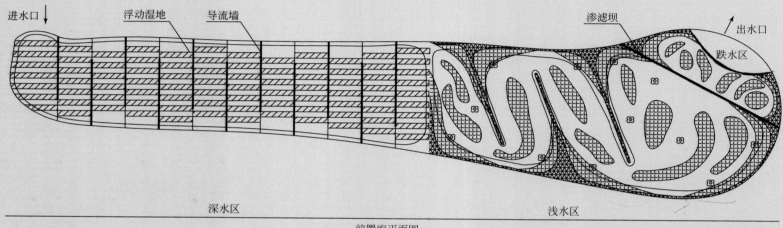

进水口 ↓ 浮动湿地 导流墙 渗滤坝 出水口 跌水区

深水区 浅水区

前置库平面图

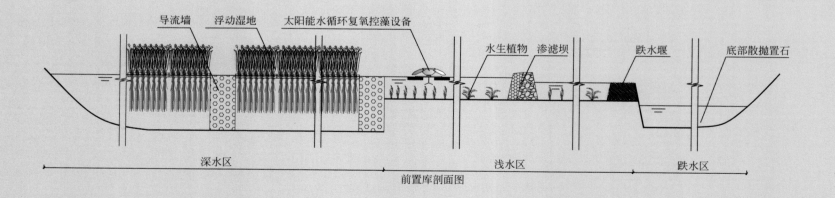

导流墙 浮动湿地 太阳能水循环复氧控藻设备 水生植物 渗滤坝 跌水堰 底部散抛置石

深水区 浅水区 跌水区

前置库剖面图

1.3 工法二：生物滞留塘法

生物滞留塘对进水进行预处理，进水中的大颗粒物质沉淀在滞留塘。

1.3.1 岸坡边界技法

根据建设目的和功能需求营造适宜的边界空间。按用材类型划分为：

岸坡技法 1：自然软质材料过渡型。运用植物、土壤、水体等进行空间分隔，又能与周边环境自然衔接。

岸坡技法 2：自然硬质材料分割型。使用天然石材进行空间限定，又能保证结构稳定性。

岸坡技法 3：硬质材料分割型。采用人工硬质材料，如混凝土等，没有渗透性，有效阻滞和分级处理来水。

1.3.2 塘底基质技法

考虑到进出水口水流对塘底的冲刷，用浆砌片石护底，其他部位采用砂质土即可。

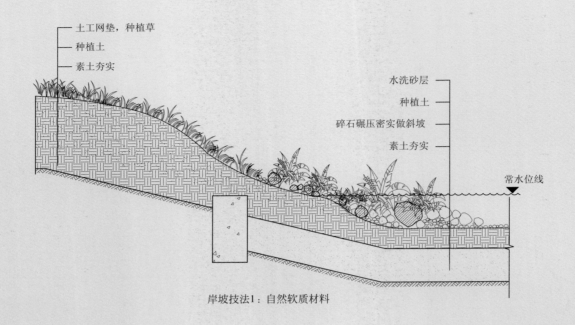

土工网垫，种植草
种植土
素土夯实

水洗砂层
种植土
碎石碾压密实做斜坡
素土夯实

常水位线

岸坡技法1：自然软质材料

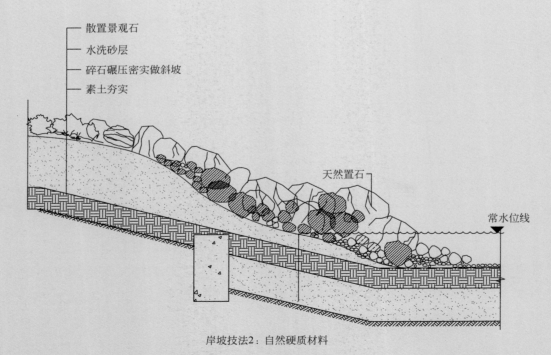

散置景观石
水洗砂层
碎石碾压密实做斜坡
素土夯实

天然置石

常水位线

岸坡技法2：自然硬质材料

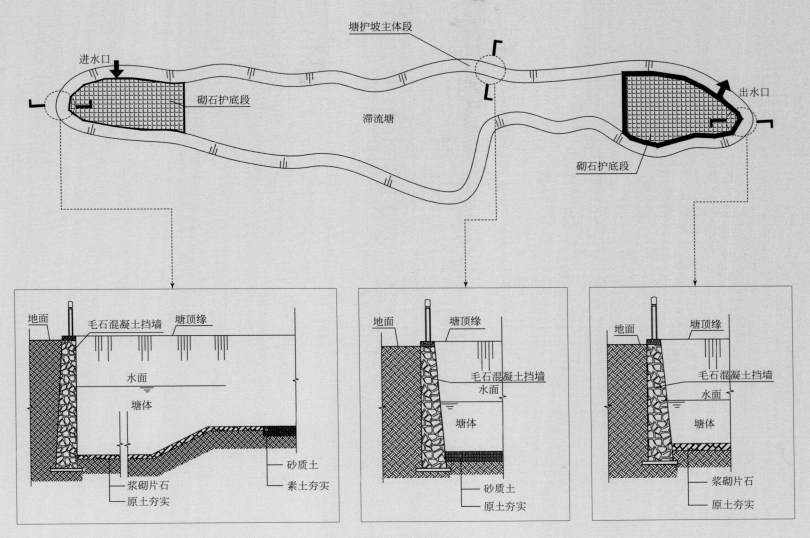

岸坡技法3：混凝土材料

生物滞留塘

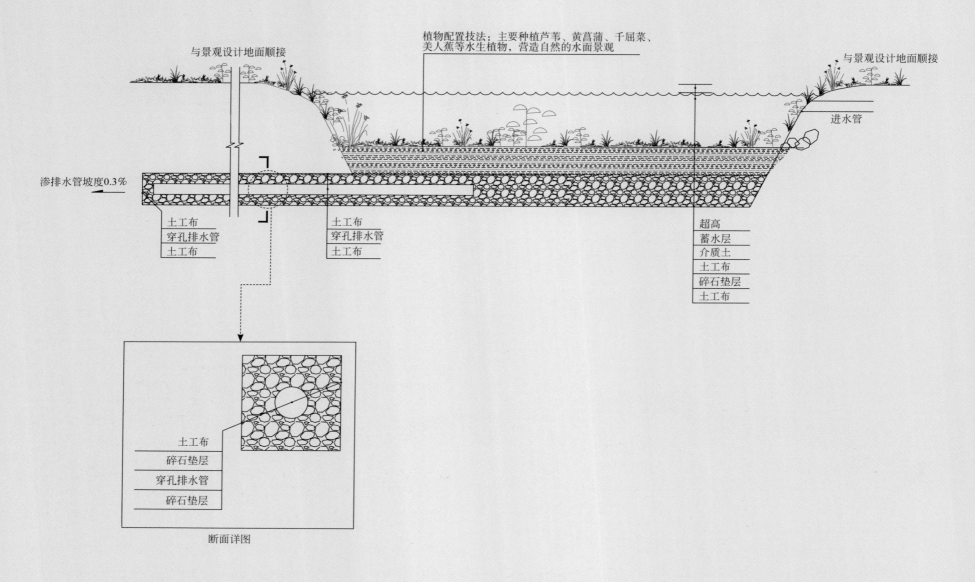

与景观设计地面顺接

植物配置技法：主要种植芦苇、黄菖蒲、千屈菜、美人蕉等水生植物，营造自然的水面景观

与景观设计地面顺接

进水管

渗排水管坡度0.3%

土工布
穿孔排水管
土工布

土工布
穿孔排水管
土工布

超高
蓄水层
介质土
土工布
碎石垫层
土工布

土工布
碎石垫层
穿孔排水管
碎石垫层

断面详图

复杂型生物滞留塘

1.3.3　池底基质技法

蓄水层：深度根据植物耐淹性能和土壤渗透性能来确定，一般为200~300mm，并设置 50~100mm 的超高。

介质土层（种植土层）：介质类型及深度应满足出水水质要求，为防止介质土层介质流失，换土层底部一般设置透水土工布隔离层，也可采用厚度不小于100mm 的砂层（细砂和粗砂）代替。

碎石垫层（碎石排水层）：一般采用碎石，起到排水作用，厚度一般为250~300mm，可在其底部埋置管径为 100~150mm 的穿孔排水管，碎石应洗净且粒径不小于穿孔管的开孔孔径。该层为雨水提供储藏空间并做最后一层过滤，最后将已处理的雨水排入排水管中再循环利用。

1.4 工法三：高效沉淀池法

高效沉淀池是一种高效物化处理工艺，它充分利用了动态混合、加速絮凝原理和浅池理论，把高效混合、提升絮凝、斜管沉淀三个过程进行优化，从而达到常规技术无法比拟的性能。其结构分为混合区、絮凝区、推流区和沉淀区。

沉淀池主要设计参数对比

项目	传统反应沉淀池	高效沉淀池
絮凝反应时间	15~25min	8~12min
沉淀区液面负荷	5~9m³/(m²·h)	15~20m³/(m²·h)
占地面积	—	比传统工艺节约30%
药剂量	—	比传统工艺节约30%
排泥水含量	99%以上	97%~98%
处理效能	一般	高

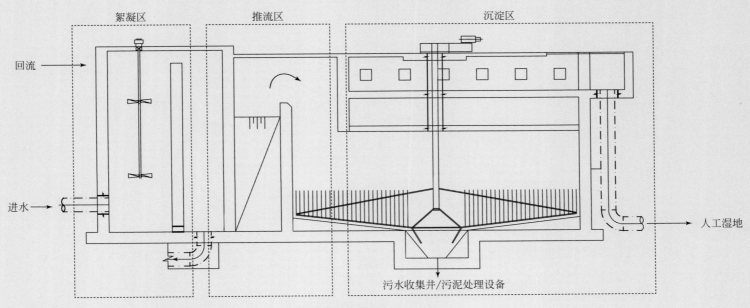

絮凝区　　推流区　　沉淀区

回流 →

进水 →

→ 人工湿地

污水收集井/污泥处理设备

高效沉淀池预处理工艺流程图

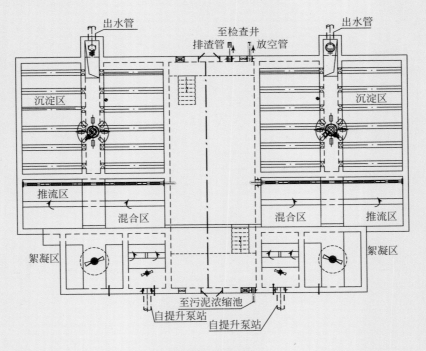

出水管　　　　至检查井　　　　出水管
　　　　　排渣管　放空管

沉淀区　　　　　　　　　　　　　沉淀区

推流区　　　　　　　　　　　　　推流区
　　　　混合区　　　混合区

絮凝区　　　　　　　　　　　　　絮凝区

至污泥浓缩池
自提升泵站
自提升泵站

高效沉淀池平面图

013

第2章
水平潜流湿地工法

工法篇

2.1　简介

水平潜流人工湿地
(Horizontal Subsurface Flow Constructed Wetlands)

　　水面在表层填料以下，污水从湿地进水端水平流向出水端，主要通过植物根系和填料表面的微生物、填料阻截和吸附以及植物吸收的共同作用去除污染物。

　　在水平方向上分为进水区、处理区和集水区。

　　在垂直方向上分为覆盖层、填料层和防渗层。

水平潜流人工湿地主要设计参数对比

参数	单元面积	大型人工湿地
单元面积 /m²	<800	可至 3000
填料深 /m	0.6~1.2	0.6~1.5
填料粒径 /mm	处理区 4~8	16~100
孔隙率 /%	40~30	40~30
长宽比	3∶1~10∶1	3∶1~10∶1
水力坡度 /%	0.5~1	0~0.2

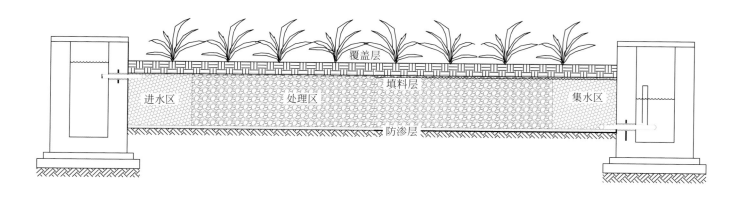

2.2 技术参数

人工湿地主要设计参数应通过试验或按相似条件下人工湿地的运行经验确定；当无上述资料时，可按下表规定选用。

水平潜流人工湿地主要设计参数

项　目		设计参数		
		Ⅰ区	Ⅱ区	Ⅲ区
		深度处理	深度处理	深度处理
BOD_5	表面负荷 /[g/(m²·d)]	3~5	4~6	5~6
	去除效率 /%	35~65	35~65	35~65
NH_3-N	表面负荷 /[g/(m²·d)]	1.0~2.0	1.5~3.0	2.0~4.0
	去除效率 /%	25~50	25~50	25~50
TN	表面负荷 /[g/(m²·d)]	1.5~3.5	2.0~4.0	2.5~4.5
	去除效率 /%	25~50	25~50	25~50
TP	表面负荷 /[g/(m²·d)]	0.10~0.25	0.15~0.30	0.20~0.40
	去除效率 /%	30~60	30~60	30~60
水力负荷 /[m³/(m²·d)]		≤ 0.30	≤ 0.40	≤ 0.50
水力停留时间 /d		≥ 3.0	≥ 2.0	≥ 1.0

注：依据《污水自然处理工程技术规程》（CJJ/T 54—2017），其中Ⅰ区年平均气温小于 8℃；Ⅱ区年平均气温为 8~16℃；Ⅲ区年平均气温大于 16℃。京津冀区域属于Ⅱ区。

以英国为例的水平潜流人工湿地设计参数

地域	处理阶段	预处理	比表面积	最大面积有机负荷 /[g BOD_5/(m²·d)]	最大截面有机负荷 /[g BOD_5/(m²·d)]	水力负荷 /(mm/d)	粒径 /mm	配水系统
英国	三级处理	预处理 + 生物处理阶段	0.7	2~13	—	200	10~12	表面水槽布水

2.3　工法四：水平潜流湿地工法

水平潜流湿地三级工法

工法：水平潜流湿地，包括平面图、剖面图。

技法：集配水技法、填料配置技法、池体防渗技法、池体设计技法、植物配置技法等。

详图：集水管、配水管的孔径、开孔方式；填料的粒径；防渗材料的固定；池体的水力坡度、长宽比；植物的种植方式及密度等。

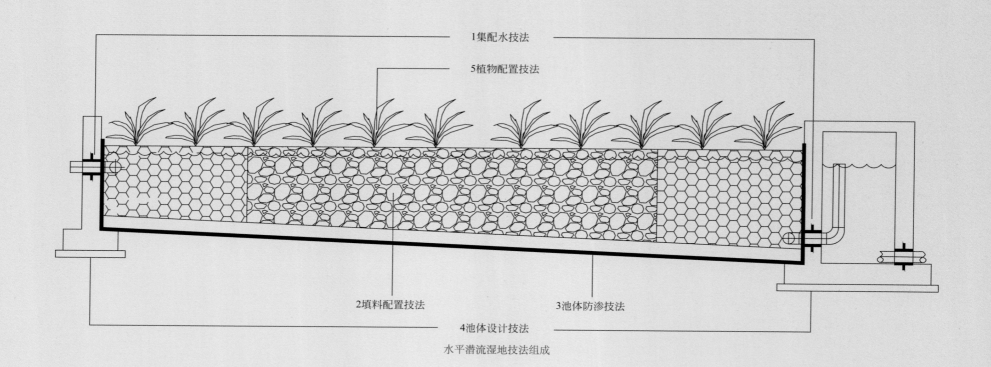

水平潜流湿地技法组成

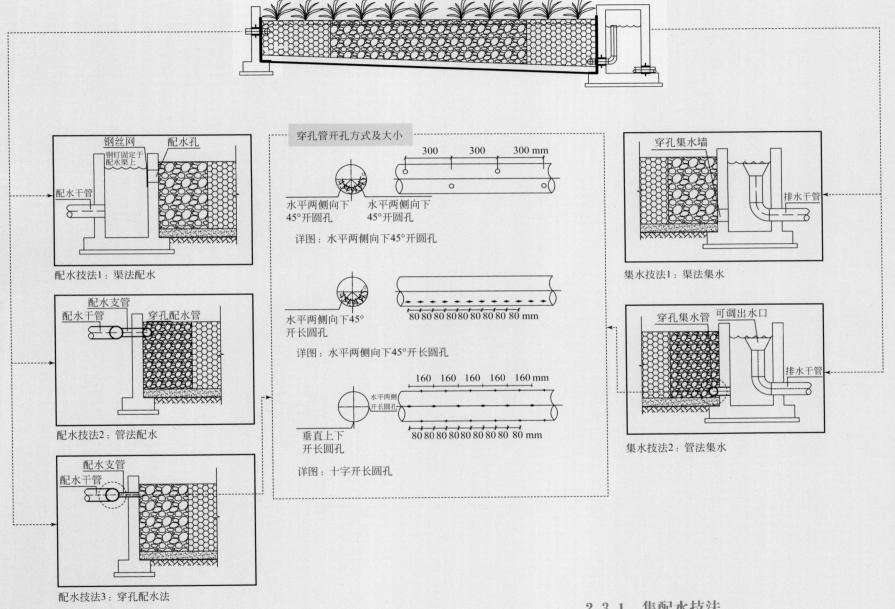

钢丝网　配水孔

钢钉固定于配水渠上

配水干管

配水技法1：渠法配水

配水支管

配水干管　穿孔配水管

配水技法2：管法配水

配水支管

配水干管

配水技法3：穿孔配水法

穿孔管开孔方式及大小

300　300　300 mm

水平两侧向下　水平两侧向下
45°开圆孔　45°开圆孔

详图：水平两侧向下45°开圆孔

80 80 80 80 80 80 80 80 mm

水平两侧向下45°
开长圆孔

详图：水平两侧向下45°开长圆孔

160　160　160　160　160 mm

垂直上下
开长圆孔

水平两侧
开长圆孔

80 80 80 80 80 80 80 80 80 mm

详图：十字开长圆孔

穿孔集水墙

排水干管

集水技法1：渠法集水

穿孔集水管　可调出水口

排水干管

集水技法2：管法集水

2.3.1　集配水技法

穿孔配水管设置于填料床 0.2m 以下，长度宜略窄于人工湿地宽度。穿孔配水管相邻孔距宜按人工湿地宽度的 10% 计，不宜大于 1m，孔径宜为 1~3cm。

出水渠应设置可旋转弯头或其他水位调节装置。

2.3.2 填料配置技法

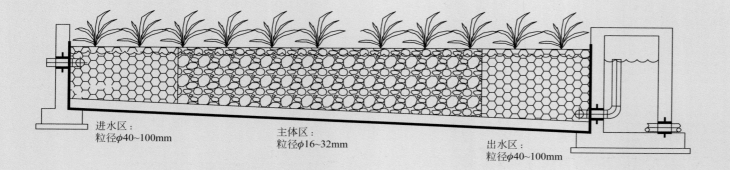

进水区：
粒径φ40~100mm

主体区：
粒径φ16~32mm

出水区：
粒径φ40~100mm

1. 填料可采用石灰石、火山岩、沸石、页岩、陶粒等材料加工制作，宜就近取材；

2. 水平潜流人工湿地的填料层可采用单一材质或几种材质组合；填料粒径可采用单一规格或多种规格搭配。

常见湿地填料示意图

| ◀ 火山岩 | ▲ 陶粒 | ▶ 页岩 |
| ◀ 沸石 | ▲ 石灰石 | ▶ 豆石 |

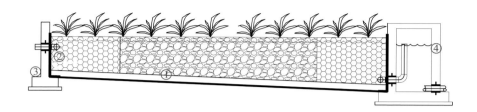

2.3.3 池体防渗技法

防渗技法：两布一膜法

　　池体防渗常用技法为两布一膜形式的复合土工膜防渗，铺膜时基层应平整，不得有尖硬物，膜的接头应进行黏接，膜与隔墙和外墙边的接口设锚固沟，沟深应大于或等于0.6m，并应采用黏土或素混凝土锚固。膜与填料接触面设200mm黏土保护层。

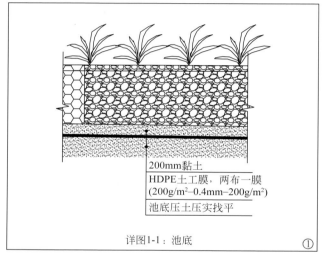

详图1-1：池底　①

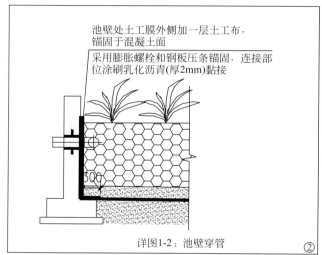

详图1-2：池壁穿管　②

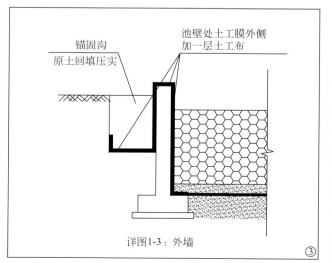

详图1-3：外墙　③

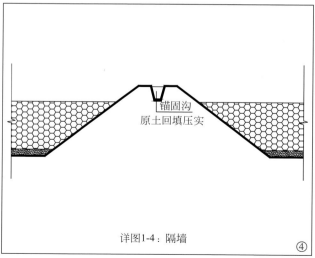

详图1-4：隔墙　④

其他防渗类型

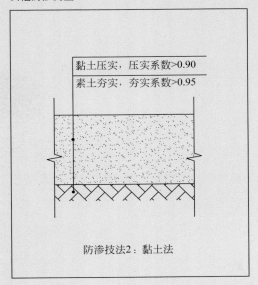

防渗技法2：黏土法

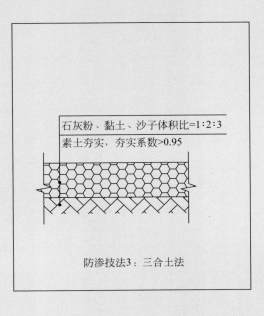

防渗技法3：三合土法

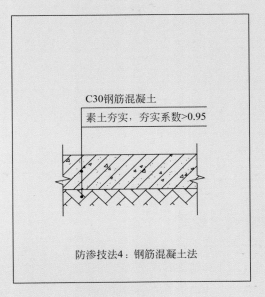

防渗技法4：钢筋混凝土法

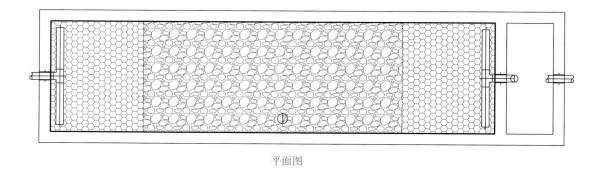

平面图

2.3.4 池体设计技法

几何尺寸:

① 水平潜流人工湿地长宽比 L/W 宜为 3:1~10:1。

② 超高取 0.2~0.3m,可根据防洪要求适当调整。

③ 底面坡度及水力坡度为 0.5%~1%,大型湿地为 0~0.2%。

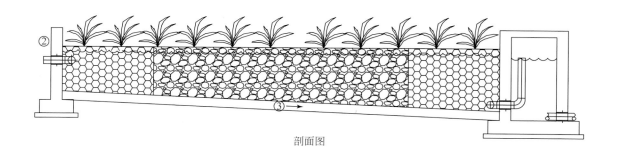

剖面图

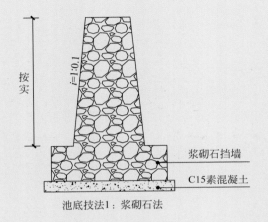

池底技法1：浆砌石法

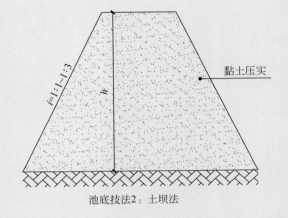

池底技法2：土坝法

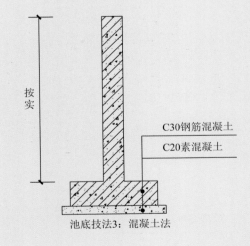

池底技法3：混凝土法

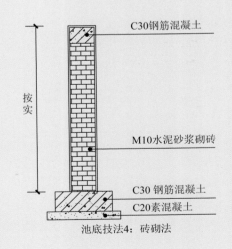

池底技法4：砖砌法

2.3.5 植物配置技法

植物选择原则：选择抗逆性强、耐寒、耐污和水质净化能力强，且根系发达、生物量大、生长迅速的乡土物种；景观效果好和经济价值高的物种。

配置方式：一般由几种植物配置构成，考虑植物特性、花期、季相特征等因素合理配置植物群落。

种植时间：人工湿地植物的种植时间应根据植物生长特性确定，宜选择在春季或初夏，也可在夏末或初秋种植。

种植密度：潜流人工湿地植物的种植密度宜为 9~25 株 /m²。植物株距宜取 0.2~0.5m。

北方潜流湿地主要植物

序号	种类	品种 / 变种，类型	植株高度 /m	花色	花期	生长期	净化能力
1	美人蕉	喜温暖和充足的阳光，不耐寒，需人工保护越冬	1.2~1.8	红 黄 橙 粉	6~10 月	4~11 月	☆ ☆ ☆ ☆
2	芦竹	耐寒性强，在南北方均可自然露天过冬	1.5~2.5	灰白	9~11 月	3~11 月	☆ ☆ ☆ ☆
3	芦苇	耐寒性极强	1.5~2.5	银白	8~10 月	4~11 月	☆ ☆ ☆
4	黄菖蒲	耐寒	0.6~0.8	黄	4~7 月	3~11 月	☆ ☆
5	玉蝉花	性喜温暖湿润，强健，耐寒性强	0.6~0.8	紫	6~7 月	3~11 月	☆ ☆
6	香蒲	耐寒性强，在我国南北地区均可自然露天过冬	1.5~2.0	红褐	6~9 月	4~10 月	☆ ☆ ☆
7	泽泻	耐寒	0.5~0.8	白	4~6 月	3~10 月	☆ ☆ ☆ ☆
8	菖蒲	耐寒性强	0.5~0.7	黄绿	6~9 月	3~10 月	☆ ☆
9	千屈菜	耐寒性强	0.3~1.0	淡紫色	7~8 月	3~11 月	☆ ☆ ☆
10	水葱	耐寒性强，在我国南北地区均可自然露天过冬	1.0~2.0	褐色或紫褐色	6~9 月	3~10 月	☆ ☆ ☆

湿地植物示意图

美人蕉　　　　芦竹　　　　　芦苇　　　　　黄菖蒲　　　　玉蝉花

水葱　　　　　菖蒲　　　　　泽泻　　　　　千屈菜　　　　香蒲

2.3.6 冬季湿地保温

冬季湿地保温运行方法

1）冬季将芦苇、香蒲等湿地植物收割后，铺在人工湿地表面，这样可使填料床内水温保持在 5°C 左右，以保证冬季低温条件下人工湿地系统的净化效果。

2）冬季先把水位抬高，让水面结冰，结成约 10cm 的冰盖，随后降低水位至填料表面下，正常运行。

第3章

垂直潜流湿地工法

工法篇

3.1 简介

3.1.1 垂直潜流人工湿地

水面在表层填料以下，污水从湿地进水端垂直流向出水端，主要通过植物根系和填料表面的微生物、填料阻截以及植物吸收的共同作用去除污染物。

3.1.2 垂直潜流人工湿地与水平潜流人工湿地的区别

1. 设计结构

垂直潜流人工湿地运用管道、坡度等设计使水流在湿地内部尽可能垂直分布，布水更加均匀；同时垂直潜流人工湿地内设置通气管，同人工湿地底部的排水管相连接。

2. 硝化能力

垂直潜流湿地硝化能力高于水平潜流人工湿地，污水从湿地表面垂直流向填料床的底部，当床体处于不饱和状态时，氧可以通过大气扩散和植物传输进入该湿地系统，可用于处理 NH_3-N 浓度较高的水源。

垂直潜流人工湿地主要参数对比

参数	常规湿地	大型人工湿地
单元面积 /m²	< 1500	不小于 1500
填料深 /m	1.0 ~1.8	1.0 ~1.2
填料粒径 /mm	主体区 2~5	5~30
孔隙率 /%	40~30	40~30
长宽比	1:1~3:1	1:1~3:1，大多在 1:1
水力坡度 /%	< 0.5	<0.2

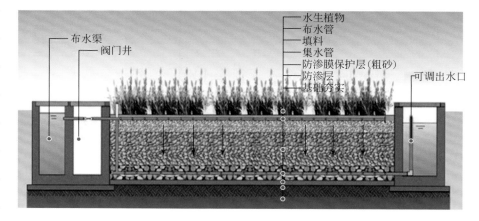

3.2　技术参数

垂直潜流人工湿地主要设计参数

项 目		设计参数		
		Ⅰ区	Ⅱ区	Ⅲ区
BOD$_5$	表面负荷 /[g/(m^2 · d)]	4~6	5~7	6~8
	去除效率 /%	40~70	40~70	40~70
NH$_3$-N	表面负荷 /[g/(m^2 · d)]	1.5~2.5	2.0~3.5	2.5~4.0
	去除效率 /%	25~50	25~50	25~50
TN	表面负荷 /[g/(m^2 · d)]	2.0~4.0	2.5~4.5	3.0~5.0
	去除效率 /%	25~50	25~50	25~50
TP	表面负荷 /[g/(m^2 · d)]	0.10~0.30	0.20~0.35	0.25~0.40
	去除效率 /%	30~60	30~60	30~60
水力负荷 /[m^3/(m^2 · d)]		≤ 0.4	≤ 0.5	≤ 0.8
水力停留时间 /d		≥ 3	≥ 2	≥ 1

注：依据《污水自然处理工程技术规程》（CJJ/T 54—2017），其中Ⅰ区年平均气温小于 8℃；Ⅱ区年平均气温为 8~16℃；Ⅲ区年平均气温大于 16℃。京津冀区域属于Ⅱ区。

其他国家垂直潜流人工湿地主要设计参数

设计参数	丹麦 [a]	德国	奥地利
最小尺寸	5PE	4PE	4PE
预处理	5PE	0.3 m^3/PE (min · 3m^3)	0.25 m^3/PE (min · 2 m^3)
比表面积 /(m^2/PE)	3	4	4
最大面积有机负荷 /[g COD/(m^2 · d)]	27	20	20
过滤材料	沙砾	沙砾 0.06~2mm	沙砾 0.06~4mm
深 /cm	100	>50	>50
d_{10}/mm	0.25~1.2	0.2~0.4	0.2~0.4
d_{60}/mm	1~4	—	—
$U=d_{60}/d_{10}$	<3.5	<5	—
配水系统	—	每平方米最少一个开孔	每 2 平方米最少一个开孔

a. 对于高达 30PE 的垂直潜流湿地，丹麦地区湿地指南要求 50% 的废水再循环至化粪池的第一个腔室。

注：PE 指人口当量。

3.3 工法五：垂直潜流湿地工法

垂直潜流湿地三级工法

工法：垂直潜流湿地，包括平面图、剖面图。

技法：集配水技法、填料配置技法、池体防渗技法、池体设计技法、植物配置技法。

详图：填料的粒径、防渗材料的固定；池体的水力坡度、长宽比等。

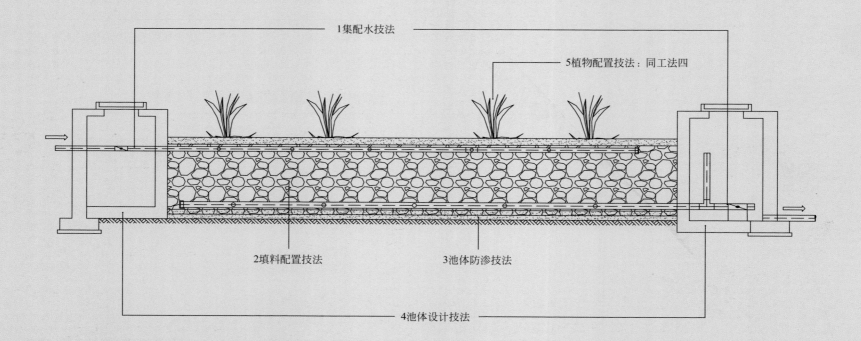

3.3.1　集配水技法

配水系统：管道配水，一般采用"丰"形或半"丰"形；

控制方式：可利用电动调流调压阀控制每块湿地的进水流量及压力，实现湿地单元的均匀配水，防止短路等现象发生；

电动调流调压阀及流量控制阀均接入中控室，在水量发生变化或湿地检修时可通过 PLC（可编程逻辑控制器）调节各湿地。

穿孔管技法参考工法四 2.3.1 集配水技法。

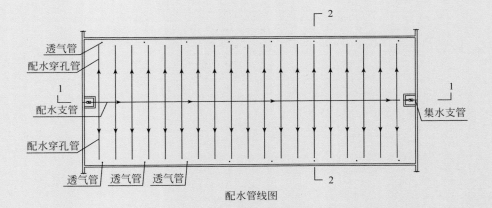

配水管线图

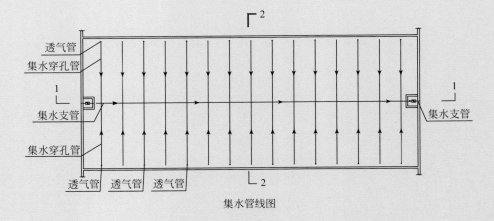

集水管线图

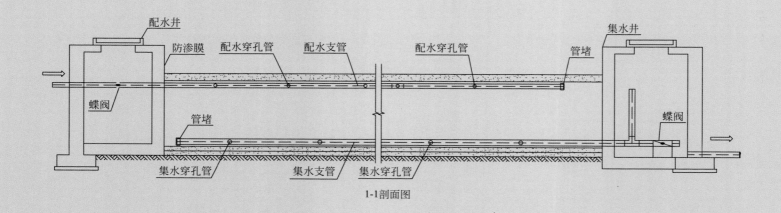

1-1剖面图

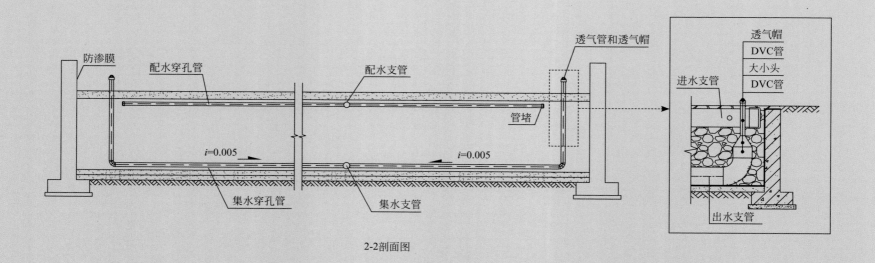

2-2剖面图

3.3.2 填料配置技法

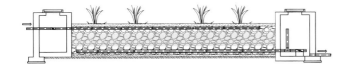

基质：填料需分层，覆盖层、过滤层、过渡层和排水层，不同分层要求的基质粒径不同；

床体深度：比表流人工湿地水深，通常为 1.0~1.2m；

专业填料层铺设完毕后在填料层面上均匀抛撒固体硝化菌、反硝化菌，投加完毕后方可进行上层碎石层的施工。

填料种类参考工法四 2.3.2 填料配置技法。

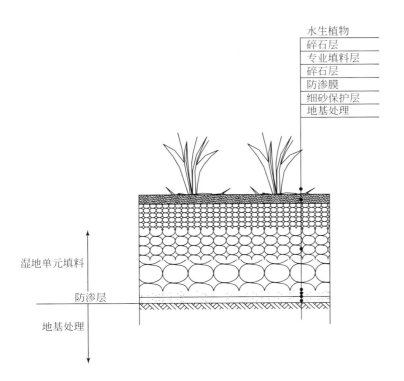

人工湿地填料施工完成图

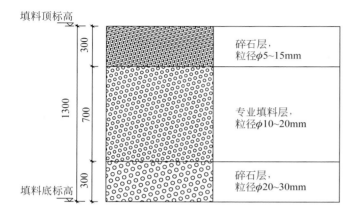

填料详图1:1300mm厚

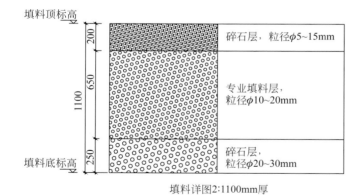

填料详图2:1100mm厚

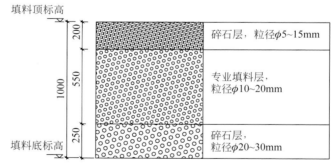

填料详图3:1000mm厚

3.3.3　池体防渗技法

防渗方式及材质选择技法参考工法四 2.3.3 池体防渗技法。

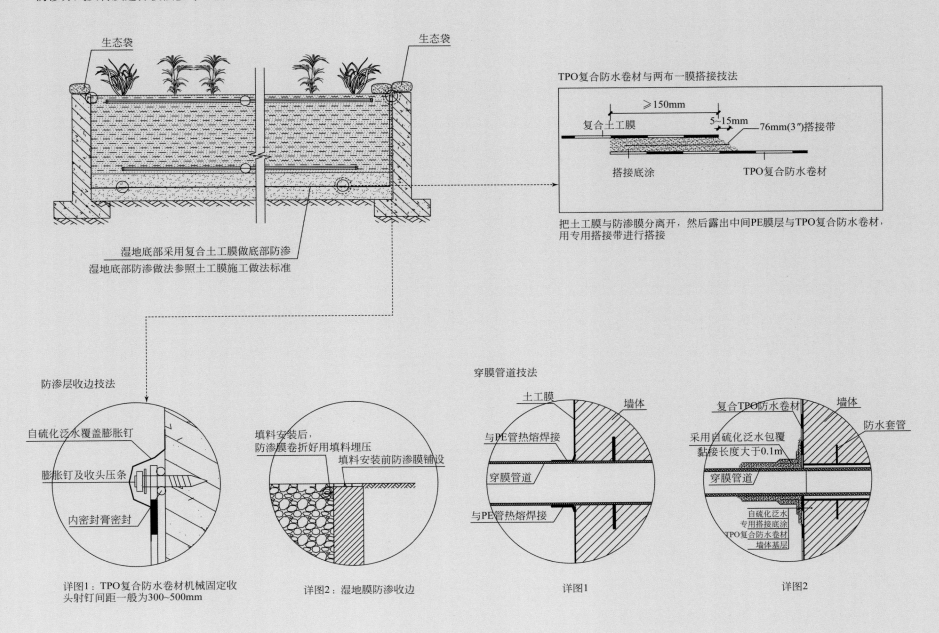

TPO复合防水卷材与两布一膜搭接技法

≥150mm

复合土工膜

5~15mm

76mm(3″)搭接带

搭接底涂

TPO复合防水卷材

把土工膜与防渗膜分离开,然后露出中间PE膜层与TPO复合防水卷材,用专用搭接带进行搭接

生态袋　　　生态袋

湿地底部采用复合土工膜做底部防渗
湿地底部防渗做法参照土工膜施工做法标准

防渗层收边技法　　　　　　　　　　　　　　　　　　　穿膜管道技法

自硫化泛水覆盖膨胀钉

膨胀钉及收头压条

内密封膏密封

填料安装后,
防渗膜卷折好用填料埋压
填料安装前防渗膜铺设

土工膜　　墙体

与PE管热熔焊接

穿膜管道

与PE管热熔焊接

复合TPO防水卷材　　墙体

防水套管

采用自硫化泛水包覆
黏接长度大于0.1m

穿膜管道

自硫化泛水
专用搭接底涂
TPO复合防水卷材
墙体基层

详图1:TPO复合防水卷材机械固定收
头射钉间距一般为300~500mm

详图2:湿地膜防渗收边

详图1

详图2

3.3.4　池体设计技法

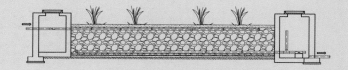

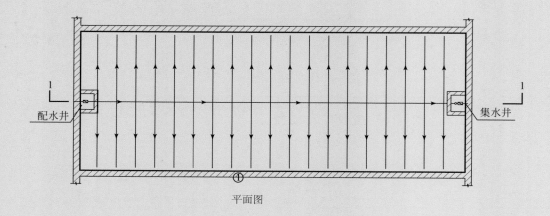

平面图

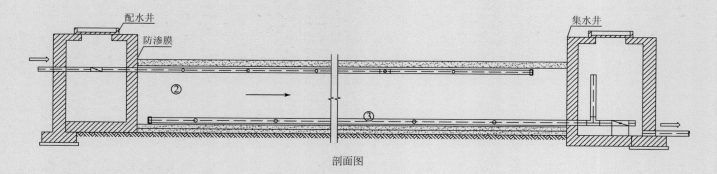

剖面图

几何尺寸：

1）污水处理单元长度通常为 20~50m 或 12~30m，以防短路，长宽比控制在 3∶1 以下，大多在 1∶1。

2）床深根据植物的种类及根系的生长深度确定。

3）湿地床底面坡度为 0.5%~1%，大型湿地为 0~0.2%。

挡墙技法：钢筋混凝土挡墙法

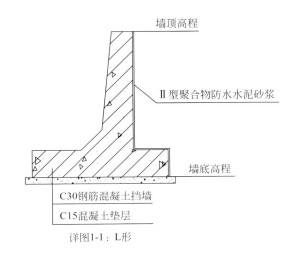

详图1-1：L形

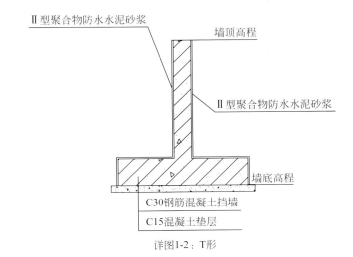

详图1-2：T形

集水井技法

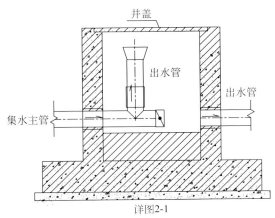

详图2-1

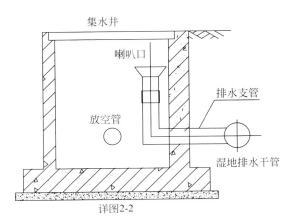

详图2-2

第 4 章
复合垂直流湿地工法

工法篇

4.1　简介

复合垂直流湿地

通常由下行流和上行流两池组成，两池中间设有隔墙，底部连通。连通层一般为 15~20cm，采用砾石以增加其水力通透性，下行池应比上行池高 10~20cm。

工艺特点：

污水由下行池基质表面的多孔布水管流入，垂直向下流经下行池的基质层，借助两池的水位差，下行池底的污水自然流向上行池中，上行池基质表面配有集水管，最后将处理后的污水排出。

污水由上行池基质表面的多孔布水管流入，垂直向上流经上行池的基质层，借助两池的水位差，上行池底的污水自然流向下行池中，下行池基质表面配有集水管，最后将处理后的污水排出。

4.2　设计参数

复合垂直流人工湿地设计参数可参考垂直流人工湿地的设计参数。应充分考虑当地气候条件、水生植物特点等因素，经过试验取得一定的设计参数后进行设计。水力负荷、有机物负荷、工艺流程选择、配水集水系统、基质类型以及植物配置等诸多因素均会影响到复合垂直流湿地合理设计。

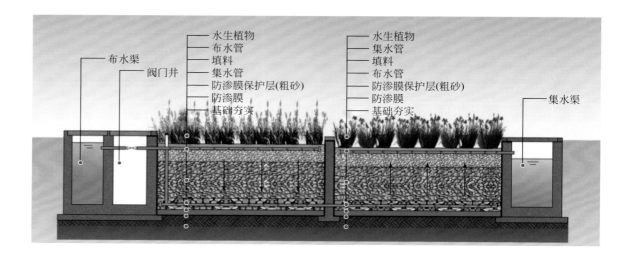

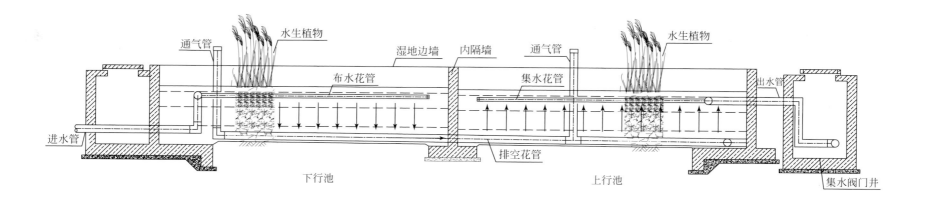

4.3　工法六：复合垂直流湿地工法

复合垂直流湿地三级工法

工法：复合垂直流湿地，包括平面图、剖面图。

技法：集配水技法、填料配置技法（同工法四）、池体防渗技法（同工法四）、池体设计技法、植物配置技法。

详图：布水集水管的孔径、开孔；填料的粒径、防渗材料的固定；池体的水力坡度、长宽比；植物的种植方式、密度等。

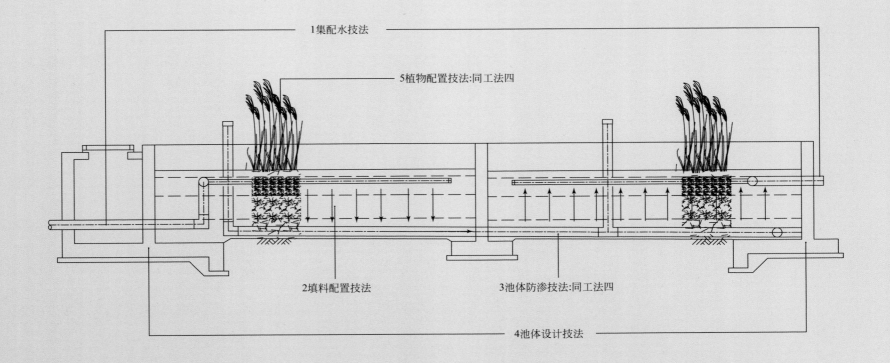

4.3.1　集配水技法

技法 1：先上行后下行，硝化能力减弱，反硝化作用增强，水流上行阻力大，更好地截留生活污水中的污染物，过滤效果更好。

技法 2：先下行后上行，硝化作用为主，脱氮效果好，但是水头损失大，且对预处理池与下行流池之间的水位差有要求。

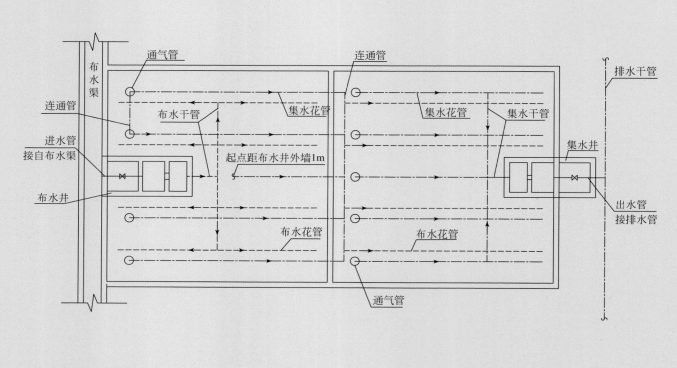

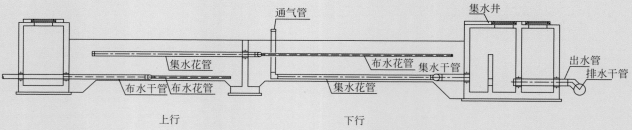

上行　　　　　下行

技法 1：先上行后下行

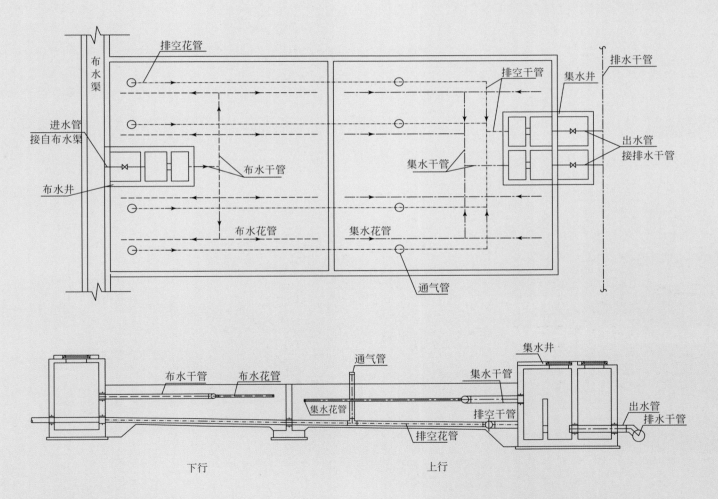

布水渠

排空花管

进水管
接自布水渠

布水井

布水干管

布水花管

排空干管

集水井

排水干管

集水干管

出水管
接排水干管

集水花管

通气管

通气管

集水井

布水干管　布水花管

集水干管

集水花管

出水管
排水干管

排空干管

排空花管

下行

上行

技法 2：先下行后上行

▲ 管道铺设

▶ 管道连接

▼ 穿孔管

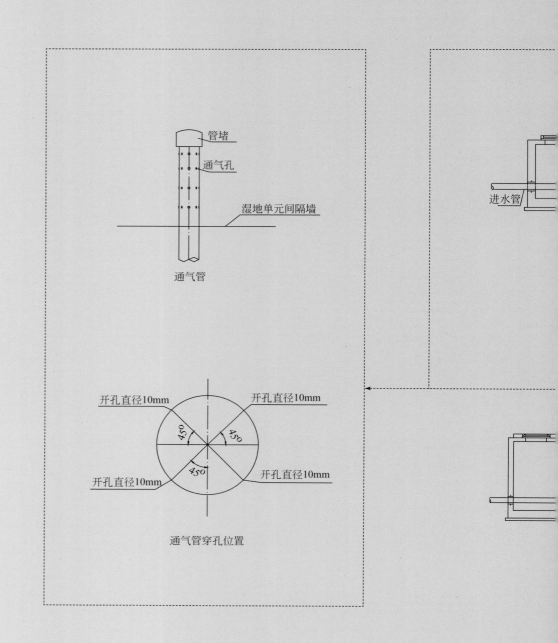

管堵

通气孔

湿地单元间隔墙

通气管

开孔直径10mm   开孔直径10mm

45°   45°

45°

开孔直径10mm   开孔直径10mm

通气管穿孔位置

进水管

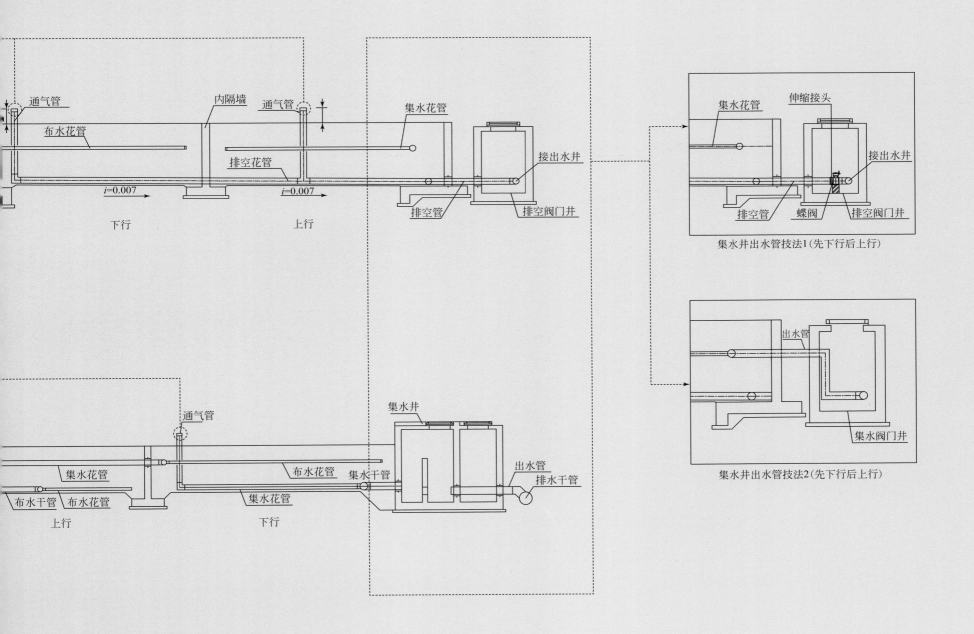

通气管

内隔墙　通气管

集水花管

布水花管

排空花管

接出水井

$i=0.007$　　　$i=0.007$

下行　　　上行

排空管　排空阀门井

集水花管　伸缩接头

集水花管

接出水井

排空管　蝶阀　排空阀门井

集水井出水管技法1（先下行后上行）

通气管

集水井

出水管

集水花管　布水花管　集水干管　排水干管

布水干管　布水花管　集水花管

上行　　　下行

出水管

集水阀门井

集水井出水管技法2（先下行后上行）

4.3.2　池体设计技法

单池长宽比小于 2:1，深度一般为 80~120cm。

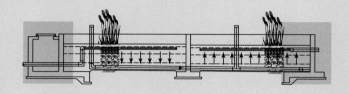

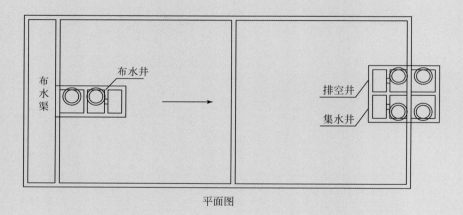

平面图

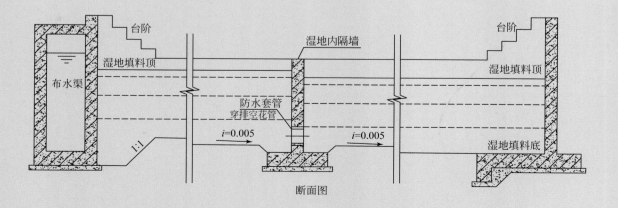

断面图

钢筋混凝土结构：

隔墙顶面高程高于相邻湿地较高表面 0.2m，

边墙顶面高程高于相邻湿地较高表面 0.3~0.5m。

内隔墙技法1

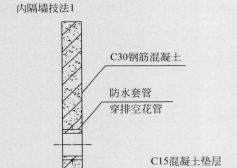

C30钢筋混凝土

防水套管
穿排空花管

C15混凝土垫层

内隔墙技法2

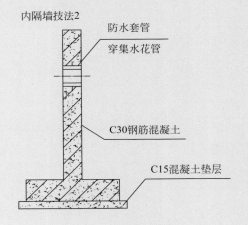

防水套管

穿集水花管

C30钢筋混凝土

C15混凝土垫层

内隔墙技法3

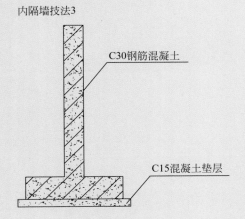

C30钢筋混凝土

C15混凝土垫层

内隔墙技法4

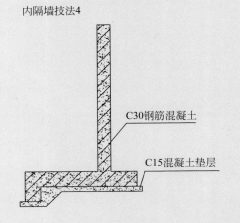

C30钢筋混凝土

C15混凝土垫层

第5章

表流湿地工法

工法篇

5.1 简介

表流人工湿地
(Surface Flow Constructed Wetland)

水面在表层填料以上，污水从池体进水端水平流向出水端，主要通过填料上附着的微生物、植物和填料的协同作用去除污染物。

项目	常规湿地
适用范围	一般作为三级处理单元
作用	兼顾美观和栖息地作用
水深	0.3~0.6m
超高	大于风浪爬高，宜大于 0.5m
优势	投资低

表流人工湿地主要设计参数

参数		设计参数		
		I 区	II 区	III 区
		深度处理	深度处理	深度处理
BOD$_5$	表面负荷 /[g/(m²·d)]	1.0~2.0	1.5~3.0	2.0~4.0
	去除效率 /%	30~50	30~50	30~50
NH$_3$-N	表面负荷 /[g/(m²·d)]	0.5~1.0	0.8~1.5	1.2~2.5
	去除效率 /%	15~40	15~40	15~40
TN	表面负荷 /[g/(m²·d)]	0.5~1.5	1.0~2.0	1.5~2.5
	去除效率 /%	15~35	15~35	15~35
TP	表面负荷 /[g/(m²·d)]	0.05~0.10	0.08~0.15	0.10~0.20
	去除效率 /%	20~50	20~50	20~50
水力负荷 /[m³/（m²·d）]		≤ 0.10	≤ 0.15	≤ 0.25
水力停留时间 /d		≥ 5.0	≥ 4.0	≥ 3.0

注：依据《污水自然处理工程技术规程》（CJJ/T 54—2017），其中 I 区年平均气温小于 8℃；II 区年平均气温为 8~16℃；III 区年平均气温大于 16℃。京津冀区域属于 II 区。

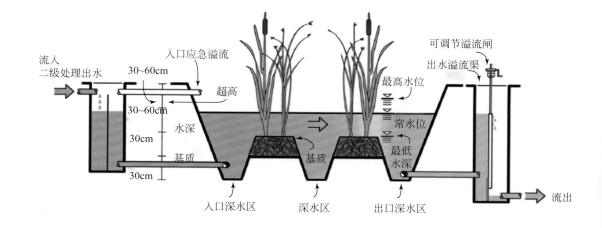

5.2 湿地类型

5.2.1 工法七 溪流型湿地法

溪流型湿地属于带状廊道,通过疏挖若干溪流,勾连、交互形成交错的条带状湿地。湿地浅水区主要种植挺水植物,深水区主要种植沉水植物。

溪流水道地貌学特征:在满足防洪要求的前提下,留给溪流自然运动的空间,使其恢复到蜿蜒曲折、深浅滩交替、湿地多样性的溪流道形态。

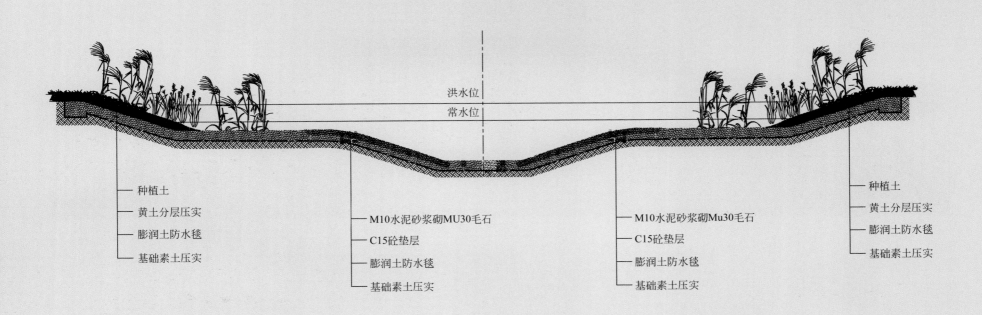

洪水位

常水位

种植土
黄土分层压实
膨润土防水毯
基础素土压实

M10水泥砂浆砌MU30毛石
C15砼垫层
膨润土防水毯
基础素土压实

M10水泥砂浆砌Mu30毛石
C15砼垫层
膨润土防水毯
基础素土压实

种植土
黄土分层压实
膨润土防水毯
基础素土压实

5.2.2 工法八 多级表面流湿地法

工艺：前置库 + 一级表流湿地 + 二级表流湿地。

前置库：沉沙区，主要功能是沉沙及拦截垃圾等固定废弃物；水质强化区，增设微生态、曝气复氧等应急措施，以应对来水水质污染等状况；沉淀区，主要起到对细小固体颗粒进行沉淀的作用。

一级表流湿地：设计水深 0.5~1.0m，为挺水植物水质净化系统。

二级表流湿地：设计水深 1.0~1.5m，为沉水植物水质净化系统。

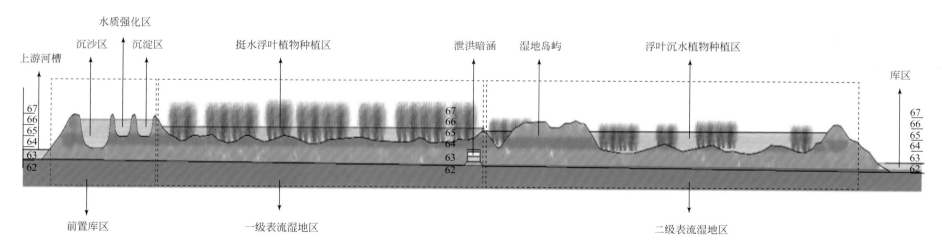

高程单位：m

一级表流湿地，0.5m 范围内种植挺水植物，0.5~1.0m 范围内种植浮水植物。

二级表流湿地，以沉水植物种植为主，适当区域种植浮水植物。

两级湿地根据各自特点，运用生态学理论，同步构建健康高效的清水型生态系统，为持续稳定净化水体提供保障。

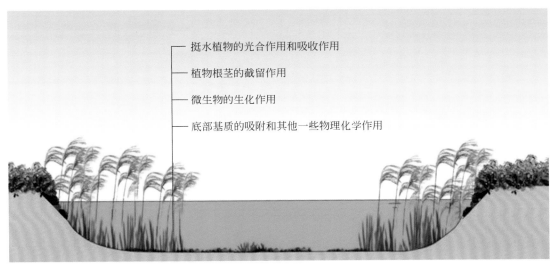

- 挺水植物的光合作用和吸收作用
- 植物根茎的截留作用
- 微生物的生化作用
- 底部基质的吸附和其他一些物理化学作用

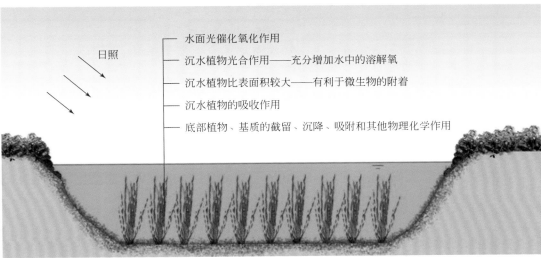

日照

- 水面光催化氧化作用
- 沉水植物光合作用——充分增加水中的溶解氧
- 沉水植物比表面积较大——有利于微生物的附着
- 沉水植物的吸收作用
- 底部植物、基质的截留、沉降、吸附和其他物理化学作用

引水渠
前置库
一级表流
拦洪沟
二级表流

▲ 一级表流湿地

▼ 二级表流湿地

5.2.3 工法九：鱼鳞湿地法

湿地内通过码放铅丝石笼导水，构建近自然渗滤丁坝，水流折返流动，延长水流路径；碎石或沸石作为丁坝主体材料，兼具截留、过滤和扩大微生物富集空间的作用，配合水生植物栽种，促进基质－植物－微生物协同净水作用，强化局部净水效率。因导水石笼设置为鱼鳞形，湿地总体上形成鱼鳞形布置特征。

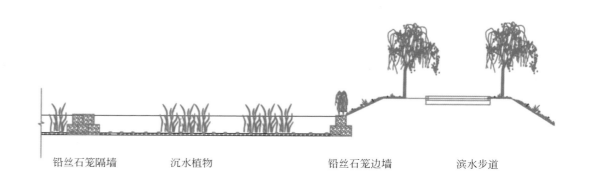

铅丝石笼隔墙　　　沉水植物　　　铅丝石笼边墙　　　滨水步道

5.3 表流湿地技法

5.3.1 进出水管技法

进出水管一般采用混凝土管，采用曼宁公式计算；

排水管出口设计在湿地处理区水面以下时，为淹没出流；

排水管出口设计在湿地处理区水面以上时，为自由出流。

技法1：湿地管道进水

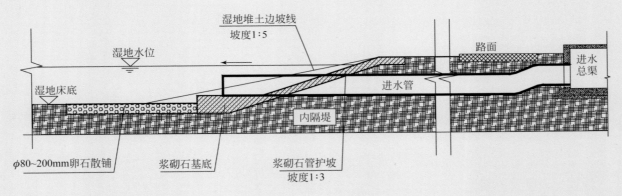

技法2：湿地管道出水

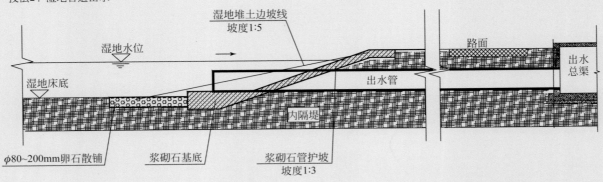

5.3.2　池体设计技法

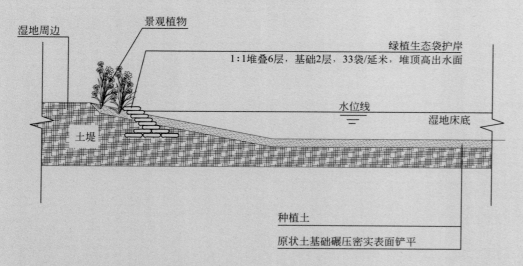

湿地周边

景观植物

绿植生态袋护岸
1:1堆叠6层，基础2层，33袋/延米，堆顶高出水面

水位线

湿地床底

土堤

种植土

原状土基础碾压密实表面铲平

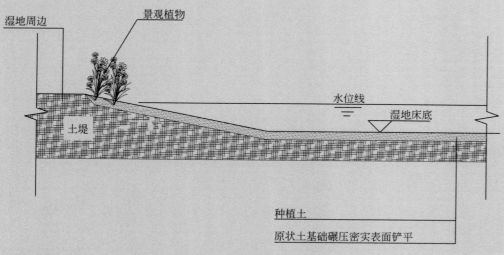

湿地周边

景观植物

水位线

湿地床底

土堤

种植土

原状土基础碾压密实表面铲平

单元边堤剖面示意

池体技法1：浆砌石挡土墙法

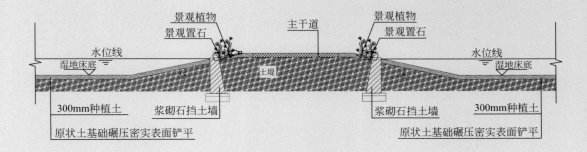

池体技法2：绿植生态袋法

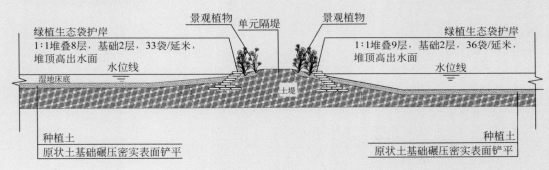

池体技法3：原土压实法

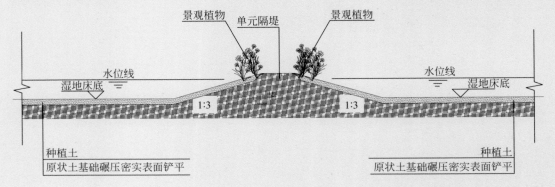

5.3.3 防渗结构技法

天然钠基膨润土复合防水毯由经过级配的天然钠基膨润土颗粒和相应外加剂混合而成，粒径在 0.2~2mm 范围的膨润土颗粒至少占膨润土总质量的 80%。

铺设过程中应及时做好施工保护，确保施工过程前及施工中不能遇水。

防渗毯垫层采用 1:6 水泥土填筑，填筑前基础需压实；保护层采用 0.5m 黏土直接回填。

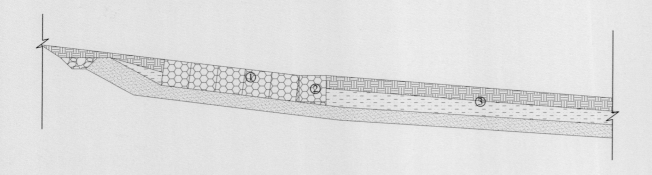

防渗技法1：膨润土防渗毯法

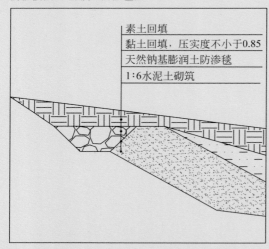

素土回填
黏土回填，压实度不小于0.85
天然钠基膨润土防渗毯
1:6水泥土砌筑

防渗技法2：膨润土防渗毯+无纺土工布法

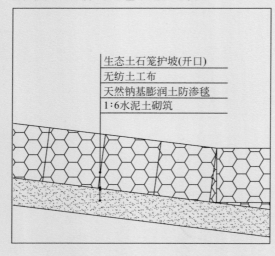

生态土石笼护坡(开口)
无纺土工布
天然钠基膨润土防渗毯
1:6水泥土砌筑

防渗技法3：膨润土防渗毯+黏土法

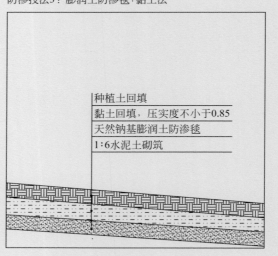

种植土回填
黏土回填，压实度不小于0.85
天然钠基膨润土防渗毯
1:6水泥土砌筑

5.3.4 植物配置技法

表流湿地种植的植物种类有挺水植物、沉水植物、浮叶植物和漂浮植物。

技法	生态功能	生长形式	典型植物
挺水植物	吸收、吸附和富集有机污染物及重金属，降低COD；为水生动物提供栖息生境和繁殖场所	根生在泥土中，下部或基部在水中，茎叶等光合作用部分暴露在空气中	芦苇、黄菖蒲、水葱、千屈菜、灯心草、香蒲
沉水植物	高度富集一些重金属和小分子有机污染物，吸收降解水体的营养盐类 N、P；抑制藻类生长；吸附悬浮颗粒，提高水体透明度；沉水植物的生态系统能提高水中的生物多样性等	全部沉没水中，只能在含氧量多的水体中生长，同时水体需要有一定的透明度以保障光合作用，不能在污染物浓度高的水体中生长	苦草、金鱼藻、黑藻、篦齿眼子菜、狐尾藻
浮叶植物	净化水体；抑制藻类生长；提供栖息环境，浮叶为鱼类、蛙类、小型水鸟提供休息浮台	根部扎生于基底中，叶片漂浮于水面，表面有较多呼吸孔	睡莲
漂浮植物	多数不耐寒，以观叶为主，提供绿荫和装饰，吸收水中的矿物质，抑制水藻生长	整个植株体漂浮于水面上，根不接触基底	浮萍、凤眼莲

◄ 芦苇	▲ 千屈菜	► 狐尾藻
◄ 睡莲	▼ 凤眼莲	► 香蒲

水生植物配置技法1：挺水植物+浮叶植物+沉水植物法

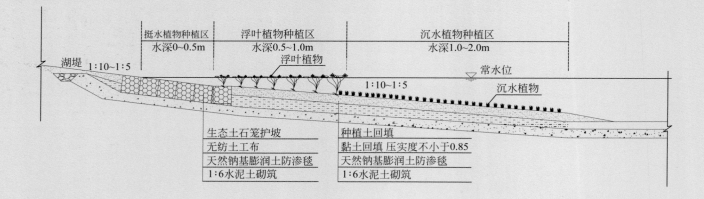

挺水植物种植区
水深0~0.5m

浮叶植物种植区
水深0.5~1.0m

沉水植物种植区
水深1.0~2.0m

浮叶植物

常水位

湖堤　1:10~1:5

1:10~1:5

沉水植物

生态土石笼护坡
无纺土工布
天然钠基膨润土防渗毯
1:6水泥土砌筑

种植土回填
黏土回填 压实度不小于0.85
天然钠基膨润土防渗毯
1:6水泥土砌筑

水生植物配置技法2：挺水植物+沉水植物法

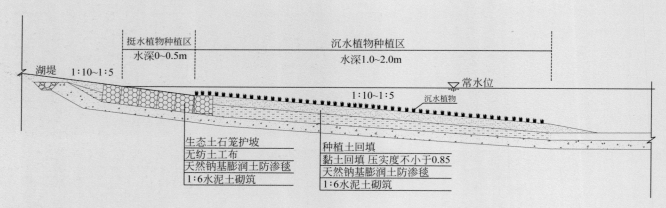

挺水植物种植区
水深0~0.5m

沉水植物种植区
水深1.0~2.0m

常水位

湖堤　1:10~1:5

1:10~1:5

沉水植物

生态土石笼护坡
无纺土工布
天然钠基膨润土防渗毯
1:6水泥土砌筑

种植土回填
黏土回填 压实度不小于0.85
天然钠基膨润土防渗毯
1:6水泥土砌筑

5.3.5 微生物菌剂技法

微生物是湿地系统中降解污染物的主力军。人工培养优势菌种并投放进入湿地，可以提高污染物降解能力、强化湿地净化效果。

步骤 1：菌剂筛选

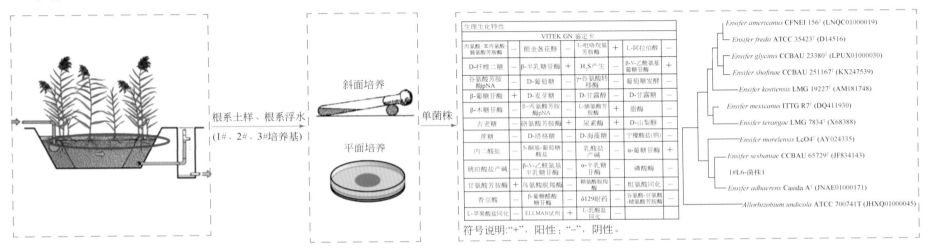

步骤 2：菌剂发酵

| 3000L 三级发酵系统 | 2000L 酶反应系统 | 500L 陶瓷膜过滤系统 | 冷冻干燥系统 |

步骤 3：菌剂投放

按照"投菌—菌种附着—尾水处理"模式进行菌种强化湿地系统启动，初期菌液浓度较低，菌浓度成倍投加，后期以 2% 的投菌比例持续投加，当脱氮除磷效果明显提高且趋于稳定后停止投菌，证明湿地生物强化系统构建成功。

曝气增氧技法 1：太阳能曝气法

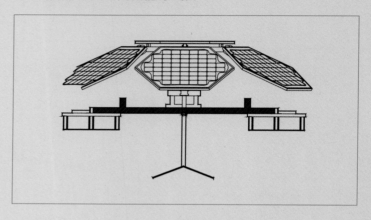

曝气增氧技法 2：潜水推流曝气法

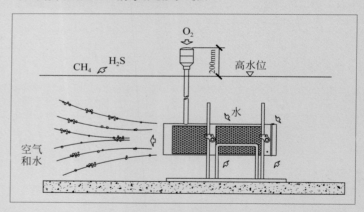

5.3.6 曝气增氧技法

在水体流动性较差的区域设置曝气机，提升河道水动力，提高水体溶解氧含量，有利于提升水体自净能力，同时也可形成喷泉水景。

曝气增氧技法 3：喷泉曝气法

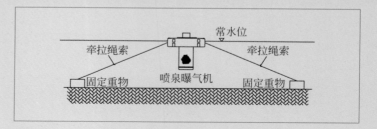

5.3.7　湿地岸边带技法

木桩岸边带是利用木桩对河道坡面进行防护的一种新型岸边带形式。木桩岸边带集防洪效应、生态效应和景观效应于一体。木桩岸边带根据木桩的材质可分为普通木桩岸边带与仿木桩岸边带。

材料	适用边坡高度 /m	最小直径 /mm	最小边长 /m
松木桩	$h \leqslant 0.5$	80	0.5
	$0.5 < h \leqslant 1.0$	120	1.0~1.8
	$1.0 < h \leqslant 1.5$	150	1.8~2.7
仿木桩	$h \leqslant 0.5$	80	0.5
	$0.5 < h \leqslant 1.0$	100	1.0~1.8
	$1.0 < h \leqslant 1.5$	120	1.8~2.7

▲ 松木桩

▼ 仿木桩

第6章
生态塘工法

6.1 简介

生态塘定义

以塘为主要构筑物，利用自然生物群体净化污水的处理设施。

根据塘水中的溶解氧量和生物种群类别及塘的功能，可分为厌氧塘、兼性塘、好氧塘、曝气塘、生物塘。

常规塘型		BOD$_5$ 表面负荷 /[kg/（10^4m^2·d）]			有效水深 /m	处理效率 /%	进塘 BOD$_5$ 浓度 /(mg/L)
		Ⅰ区	Ⅱ区	Ⅲ区			
厌氧塘		200	300	400	3~5	30~70	≤800
兼性塘		30~50	50~70	70~100	1.2~1.5	60~80	<300
好氧塘		<10	<10	<10	0.5~0.6	40~60	<100
曝气塘	部分曝气塘	50~100	100~200	200~300	3~5	60~80	300~500
	完全曝气塘	100~200	200~300	200~400	3~5	70~90	
生物塘	水生植物塘	—	50~200	100~300	0.4~2.0	60~80	<300
	深度处理塘	—	20~50	30~60	0.4~2.0	69~80	<100
	污水养鱼塘	20~30	30~40	40~50	1.5~2.5	70~90	<50
	复合生态塘	20~30	40~50	50~60	1.2~2.5	70~90	

注：依据《污水自然处理工程技术规程》（CJJ/T 54—2017），其中Ⅰ区年平均气温小于8℃；Ⅱ区年平均气温为8~16℃；Ⅲ区年平均气温大于16℃。京津冀地区属于Ⅱ区。

6.2　生态塘

6.2.1　工法十：厌氧塘法

坑塘较深，一般在 2.5m 以上，最深可达 4~5m。

有机负荷较高，有机物降解需要的氧量超过了光合作用和大气复氧所能提供的氧量，使塘呈厌氧状态。

主要生化反应是产酸发酵和产甲烷，因此厌氧塘产生臭味，环境条件差，处理后出水不能达到排放要求，一般用于污水的前端处理。

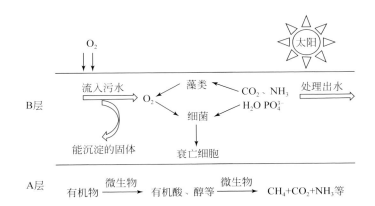

6.2.2　工法十一：兼性塘法

表层好氧区：好氧菌与藻类共生，具有好氧塘的特点。

中部兼性区：为好氧区与厌氧区之间的过渡区，存在着可起两种作用的兼性菌，并通过兼性菌分解有机物。

底层厌氧区：积累在此区域内的固体杂质被厌氧菌充分分解。

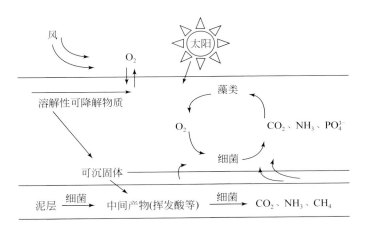

6.2.3　工法十二：好氧塘法

平均有效水深 0.5m。

完全依靠光合作用供氧，池体较浅，塘内溶解氧高，发生好氧反应。

可应用于脱氮、溶解性有机物的转化与去除，也可对二级生物处理出水进行深度处理。

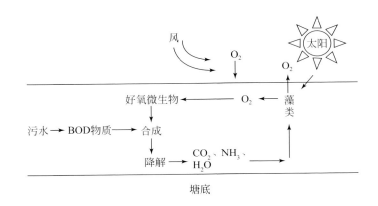

设计参数及优缺点比较

类型	厌氧塘	兼性塘	好氧塘
形状	均宜为矩形		
长宽比	2:1~2.5:1	2:1~3:1	3:1~4:1
深度	2~4.5m	1.2~2.5m	0.3~0.5m
数量	1~2 座	不少于 3 座	不少于 3 座
面积	不大于 1hm²	不大于 4hm²	不大于 4hm²
发生反应类型	主要为厌氧反应	好氧反应 + 厌氧反应	主要为好氧反应
设置位置	污水处理前端	污水处理中端	污水处理后端
优点	有机负荷高	处理效果好	环境效果好
缺点	环境效果差	池容大、占地广	占地面积大

6.2.4 工法十三：曝气塘法

曝气塘是利用机械式或扩散式曝气器供氧的一种新型生态塘。采用人工曝气装置向塘内污水充氧，并使塘水搅动。人工曝气装置多采用表面机械曝气器。根据曝气装置的数量、安装密度和曝气强度，可分为完全曝气塘和部分曝气塘两类。

1. 完全曝气塘

当曝气装置的功率较大，足以使塘水中全部生物污泥都处于悬浮状态，并向塘水提供足够的溶解氧时，即为完全曝气塘。

2. 部分曝气塘

如果曝气装置的功率仅能使部分固体物质处于悬浮状态，而有一部分固体物质沉积塘底，进行厌氧分解，曝气装置提供的溶解氧也不满足全部需要，即为部分曝气塘。

不同类型曝气塘参数比较

类型	完全曝气塘	部分曝气塘
水力停留时间 /d	3~10	> 10
有效水深 /m	1~2	2~6
运行方式	串联	串联
串联塘数	≥ 3	≥ 3
BOD 去除率 /%	90	90
优点	体积小，占地少；水力停留时间短，无臭味；处理程度高；耐冲击负荷较强	
缺点	运行维护费用高。因为采用了人工曝气，所以容易起泡沫，出水中含固体物质高	

6.2.5　工法十四：生物塘法

定义：生物塘内不仅可以种植水生植物，还能够进行水产养殖，塘内各菌类、藻类等微生物分解、转化有机物，植物吸收营养物质，水产水禽均衡，塘内生态平衡，形成生产者、消费者、分解者共存的人工生态系统。

分类：根据主要作物品种可以分为水生植物塘、深度处理塘、污水养鱼塘、复合生态塘等，生物塘中生态系统的建立有助于去除悬浮物、氨、氮、磷等物质。

水生植物塘

可选种浮水植物、挺水植物和沉水植物。

水面应分散留出 20%~30% 的水面。

塘的有效水深度，浮水植物宜为 0.4~1.5m；挺水植物宜为 0.4~1.0m；沉水植物宜为 1.0~2.0m。

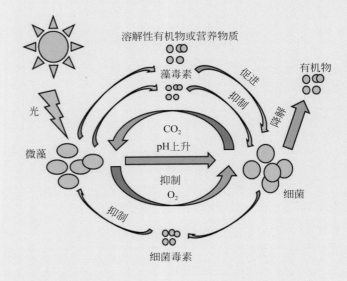

菌藻塘：用藻类和细菌两类生物之间的生理功能协同作用来净化污水的淡水生态系统。藻类植物通过光合作用利用水中的 CO_2 和 NH_4^+、PO_4^{3-} 等营养物质，合成自身细胞物质并释放出 O_2；好氧细菌则利用水中 O_2 对有机污染物进行分解、转化，产生 CO_2 和上述营养物质，以维持藻类的生长繁殖，如此循环往复，实现污水的生物净化。

6.2.6 工法十五：组合塘法

生态塘除单独应用于污水治理外，通常与人工湿地组合应用，互补不足之处，提高系统整体的稳定性，增强污水净化效率。

不同种类生态塘比较

名称及作用	表现形式	作用	设计参数
进水生态塘（作为前处理系统）	初沉池、生化处理池、生物塘、应急池、酸化水解池等	对污水中过剩的有机物进行去除，降低进水中的固体悬浮物含量，减缓湿地的堵塞现象	深度：1.2~2.5m 水力停留时间：3~8d 有机负荷：100~150kg/（$10^4 m^2 \cdot d$）
出水生态塘（作为后处理系统）	生物塘、好氧塘、稳定塘、景观塘等	可以对湿地出水进行深度净化，强化处理效果，能够起到生态塘和景观池的双重功效	深度：1~3.5m 水力停留时间：5~25d 有机负荷：20~60kg/（$10^4 m^2 \cdot d$）

1. 进水生态塘

有效深度浅，面积小，停留时间短，主要作用为降低进水固体悬浮物含量。

2. 出水生态塘

有效深度深，面积大，停留时间长，主要作用为对湿地出水进行深度净化。

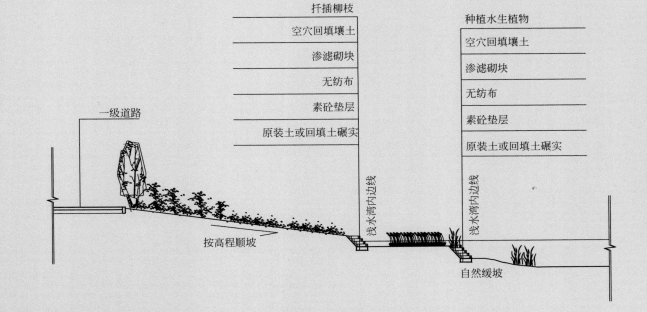

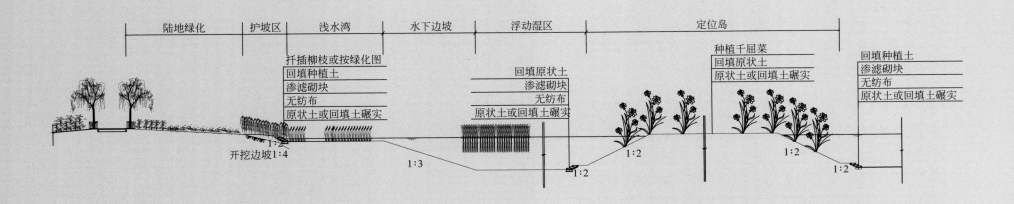

6.3 工法十六：生态塘法

6.3.1 池体设计技法

1. 生态塘

塘体材料：就地取材。

形状尺寸：矩形塘，长宽比不应小于3:1。

地址选择：旧河道、池塘、洼地等，水力不足时，宜设置导流墙。

2. 进出水口

进出水口采用扩散式或多点式。出水口设置挡板，潜孔出流。

进水口至出水口的水流方向应避开当地常年主导方向，宜与主导风向垂直。

3. 塘底

塘底略具坡度，倾向出口。

原土渗透系数 K 值大于 0.2m/d 时，应采取防渗措施。

4. 堤坝设计

材料：土坝应用不易透水的材料作心墙或斜墙，堤坝采用不易透水的材料建筑。

顶宽：土坝顶宽不宜小于 2m，石堤和混凝土堤顶宽不应小于 0.8m。

超高：土坝、堆石坝、干砌石坝的安全超高应根据浪高计算确定，不宜小于 0.5m。

坡度：土坝外坡坡度为 4:1~2:1，内坡坡度宜为 3:1~2:1。

6.3.2 植物配置技法

挺水植物

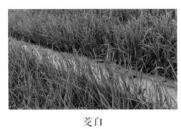 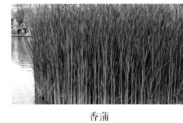 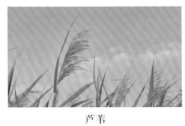 

茭白 香蒲 芦苇 水葱

沉水植物

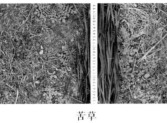 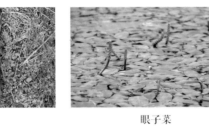  

苦草 眼子菜 狐尾藻 黑藻

浮叶植物

   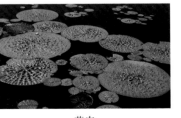

睡莲 荇菜 菱角 芡实

第7章
生态护岸工法

工法篇

7.1 工法十七：生态植草砖护岸法

7.1.1 简介

生态植草砖（挡墙），将传统建筑材料预制成带有各种平面孔隙结构的块体，可为各类水生动植物提供生存空间。预制块体之间，一般采用钢索连接、铰接、自重锁嵌式等连接方式，配合土体预应力筋及锚杆等加固方式可应用于陡坡、高边坡防护，具有耐冲刷、稳定性高、生态效果好、施工快等特点。

适用范围： 因抗拉强度较高，具有一定的变形能力，生态植草砖适用于较复杂的地质条件和水下护岸，可用于斜坡式护岸和拐点较多的河段，可经受 4~7m/s 水流的冲刷。

依照预制件的形状、连接方式以及常见种类，下表主要介绍改进型蜂巢式（六角形）网格砖护岸、联锁式生态砖护岸。

生态植草砖护岸类型	材料	施工特点	实景照片
改进型蜂巢式（六角形）网格砖	预制混凝土砖（块）	在修整好的边坡上，依靠重力，砖块层叠堆置，将坡面形成一个个小平台，增强坡面稳定性	
联锁式生态砖	预制混凝土砖（块）	在修整好的边坡上，利用砖块特殊的几何形状，使得每一块砖块被相邻的砖块锁住，减小侧向位移，增强坡面稳定性	

7.1.2 改进型蜂巢式（六角形）网格砖护岸法

施工技法：

坡下部应根据坡长计算并设置趾墙，铺设时按照"自下而上"的顺序进行，相邻护坡砖要挤紧，做到横、竖、斜线对齐。

护坡砖铺设完成后，将种植土填入护坡砖中，植物措施施工完毕后轻轻拍实。首次灌溉或降雨后砖内土壤发生沉降，以护坡砖内土壤表面低于上沿 1~2cm 为宜，有利于蓄水保土。对于靠近边墙和趾墙的空档，可以铺砾石，以防土壤流失。

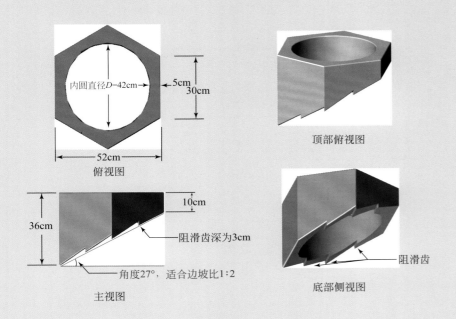

俯视图

顶部俯视图

主视图

底部侧视图

砖体与不同坡面的兼容性

砖＼坡面	1：1	1：1.5	1：2	1：2.5	1：3	1：3.5	1：4
1：1	Y	Y	Y	Y	M	N	N
1：1.5	Y	Y	Y	Y	M	N	N
1：2	N	Y	Y	Y	Y	Y	Y
1：2.5	N	M	Y	Y	Y	Y	Y
1：3	N	M	Y	Y	Y	Y	Y
1：3.5	N	N	Y	Y	Y	Y	Y
1：4	N	N	M	Y	Y	Y	Y

注：Y 表示适宜，M 表示基本适宜，N 表示不适宜。

◀ 怀柔区碾子村河道治理前　▶ 怀柔区碾子村河道治理后

7.1.3　联锁式生态砖护岸法

联锁式生态砖护岸是由其周围六块尺寸一致的预制空心混凝土块共同联锁，相互啮合固定而形成的联锁型矩阵，砖缝之间的土砾相当于砂浆，将生态砖牢固地黏结成为整体，砖孔和接缝为植物生长提供了良好的环境，植物根茎对铺面结构亦起到了加固作用，同时绿化铺面、美化环境。

铺面在水流作用下具有良好的整体稳定性，渗水型柔性结构铺面还能够降低流速，减小流体压力和提高排水能力，从而适于各种水流条件下的水土保持。

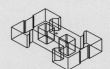

结构详图1：生态护坡联锁砌块

结构详图2：联锁砌块块体平面

结构详图3：联锁砌块块体安装

7.2 工法十八：石笼护岸法

7.2.1 格宾石笼护岸法

生态格宾石笼是用镀锌、喷塑铁丝网笼装碎石（或肥料和适于植物生长的土壤）垒成台阶状护岸或做成砌体的挡土墙。

根据材质外形可分为普通格宾石笼、雷诺护垫、赛克格宾等。

普通格宾石笼：由高镀锌钢丝或热镀铝锌合金钢丝编织成矩形箱笼，内填石料等不易风化的填充物做成的工程防护结构。

雷诺护垫：也叫石笼护垫、格宾护垫，是指金属网面构成的厚度远小于长度和宽度的垫形工程构件，内置块石等填充料。

赛克格宾：是指金属网面构成圆柱形工程构件，其中装入块石等填充料，应用于河道整治等工程。

▲ 格宾石笼

◀ 雷诺护垫　▶ 赛克格宾

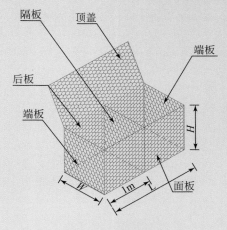

结构详图1:格宾构件

1. 结构

普通格宾石笼护岸是镀锌铝合金钢丝通过机编双绞的六边形网箱;

石笼的网眼大小一般为 60~80mm，网箱厚度一般为 0.15~0.3m，网箱内填充碎石及块石;

抗冲刷能力较强，最大抗冲流速 4~6m/s;

具备一定的柔韧性，允许岸坡发生一定的变形而不影响整体的稳定性及安全性;

其表面可覆盖土层，种植植物，满足生态需要;

多孔隙防护结构，为水中鱼类及微生物提供水陆迁徙的空间，可以让水体与河岸之间实现水体交换，调节水位，对岸坡的植被生长及恢复、岸坡的稳固等起到促进作用。

"D"是指两个连续的绞合钢丝轴心之间的距离。确定公差时取十个连续网格的平均值

结构详图2：网孔

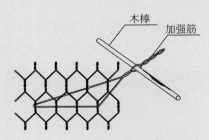

结构详图3：面板加强筋操作

主要技术指标	具体要求
网格内填料高差	网格高度的 1/3
填充料粒径 （片石、鹅卵石）	80% 以上在 80~200mm
填充率	≥ 70%
网箱平整度偏差	≤ 5cm
箱顶覆土厚度	5cm 左右

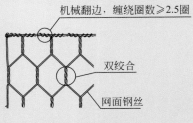

结构详图4：机械翻边

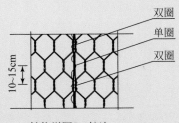

结构详图5：绞边

2. 护岸形式

普通格宾石笼护坡适用于多数大中小河流，可被设计成直立式、台阶式或贴坡式，灵活用于护坡、护岸及护脚等。

护岸形式技法 1：直立式，横断面多为"品"字形结构，在工程中多以石笼挡墙的形式出现，这种结构往往对地基要求较高，要有一定的承载力。

护岸形式技法 2：台阶式，使用石笼网箱构成台阶式结构，适用于不同高度的岸坡。

护岸形式技法 3：贴坡式，主要用于斜坡的防护，其斜坡段和水平段长度可以根据工况进行不同程度的调整。

◀ **护岸形式技法 1：直立式**　▶ **护岸形式技法 2：台阶式**

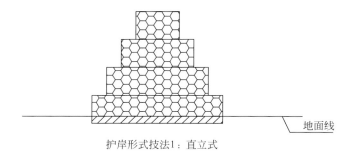

护岸形式技法1：直立式

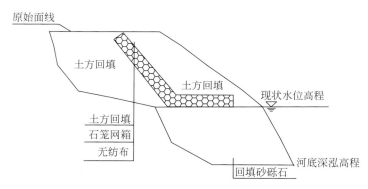

护岸形式技法3：贴坡式

3. 施工技法

1）河底宽度不得小于 6m，全部护底。

2）设计护岸 0~2m 或以上的坡面采用植草护坡。

3）护坡顶部参考景观设计填种植土，坡度不陡于 1:2；石笼护坡表层撒野生禾草混种植土。

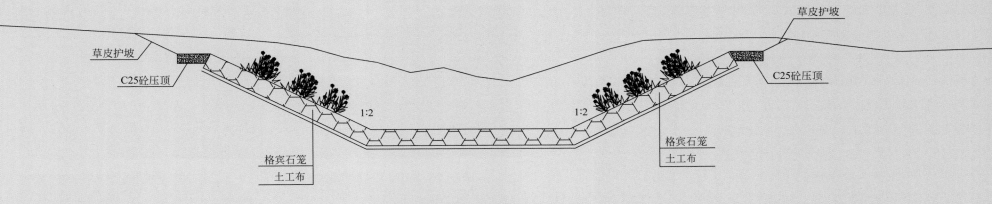

普通格宾石笼护岸河道断面设计图

4. 组合技法

组合技法 1：格宾石笼护脚 + 生态护坡复合式。

组合技法 2：雷诺护垫护坡 + 格宾护脚复合式。

组合技法 3：格宾挡墙 + 雷诺护垫抗冲复合式。

组合技法 4：其他复合方式等。

类型	厚度 /m	填充石料		临界流速 / (m/s)	极限流速 / (m/s)
		石料规格 /mm	d_{50}/m		
雷诺护垫	0.17	70~100	0.085	3.5	4.2
		70~150	0.11	4.2	4.5
	0.23	70~100	0.085	3.6	5.5
		70~150	0.12	4.5	6.1
	0.3	70~120	0.1	4.2	5.5
		100~150	0.125	5	6.4
格宾垫	0.5	100~200	0.15	5.8	7.6
		120~250	0.19	6.4	8

◄ 组合技法 1：格宾石笼护脚 + 生态护坡复合式　　► 组合技法 2：雷诺护垫护坡 + 格宾护脚复合式

◄ 组合技法 3：格宾挡墙 + 雷诺护垫抗冲复合式　　► 组合技法 4：其他复合方式

5. 案例

7.2.2 生态土石笼袋护岸法

生态土石笼袋护岸是一种集节能、减排、生态、环保、绿化功能于一体的新型柔性边坡防护技术。

主要结构： 以高镀锌或铝、锌合金石笼网为框架，内部衬机织有纺土工布，笼内充填石头、土方等材料组成的结构体。

铅丝石笼是生态土石笼袋的主要组成部分，其依靠自身的强度和耐腐蚀性构成护坡的基本单元。通过铅丝相互连接的铅丝石笼形成护坡，达到防治水土流失、加固岸坡的功能。

机织有纺土工布具有抗老化、抗冻性、高撕裂度及优延伸率等特性，减少施工基础石料不均匀沉陷、冲蚀，防止水土流失、坍塌。

适用范围： 边坡地质不稳定的河道护岸工程；寒冷地区、沿海地区等河道护岸工程。

应用优势：

1. 土石笼袋上可植草或做扦插，有利于生态系统重建，景观效果好；

2. 土石笼内填充土石，可就地取材，施工方便；

3. 抗冲能力强，最大抗冲流速可达 4~6m/s；

4. 成本较低，经济效益好。

1. 施工技法

1）土石笼内填放土、石填充物，相邻的两个土工固袋回填同时进行，分层回填并予以夯实，成为柔性的护坡结构体，向内填充土料时，1m³的袋子需分三次填满，0.5m³的袋子分两次填满。

2）土工固袋内土石料应填满夯实整平后，土工固袋封盖前，使土料高出袋顶3~5cm，再以黏扣带黏合，并以铁棒先行固定两边的角端，最后再利用同种材质绑带进行结扎边框线与石笼网封盖。

顶盖安装完成后，覆土播撒草籽。

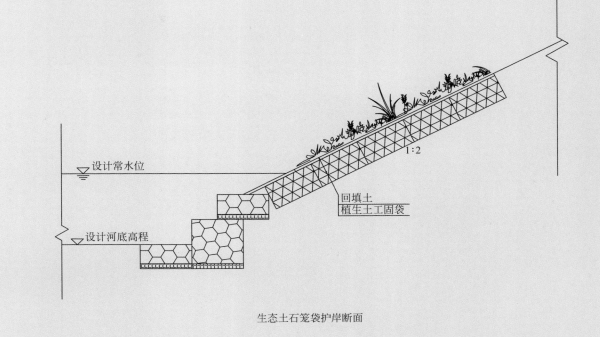

生态土石笼袋护岸断面

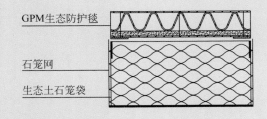

结构详图1：聚丙烯纤维布

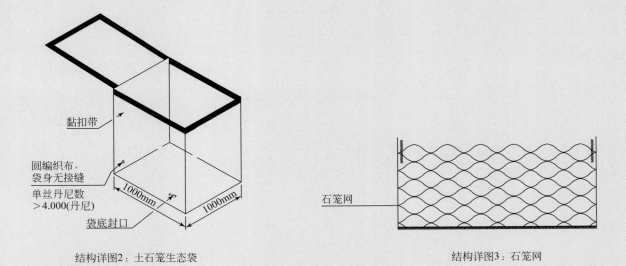

结构详图2：土石笼生态袋

结构详图3：石笼网

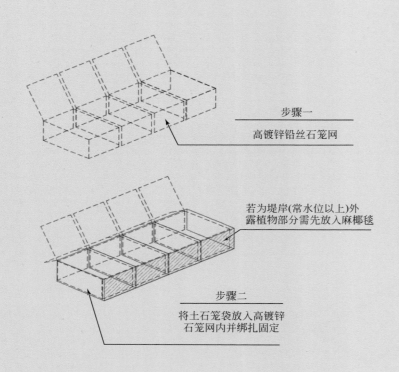

步骤一

高镀锌铅丝石笼网

若为堤岸(常水位以上)外
露植物部分需先放入麻椰毯

步骤二

将土石笼袋放入高镀锌
石笼网内并绑扎固定

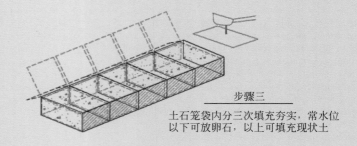

步骤三

土石笼袋内分三次填充夯实，常水位
以下可放卵石，以上可填充现状土

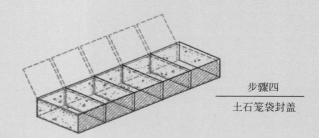

步骤四

土石笼袋封盖

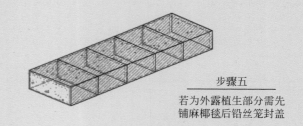

步骤五

若为外露植生部分需先
铺麻椰毯后铅丝笼封盖

2. 案例

施工过程图

施工后效果图

妫水河北京世界园艺博览会河段水生态治理工程

营造篇

廊坊市龙河人工湿地工程

廊坊市老龙河人工湿地工程

滨海工业带人工湿地工程

三里河潜流湿地工程

官厅水库八号桥水质净化湿地工程

府河河口湿地水质净化工程

洋河水库河口湿地修复工程

北运河道岸边带修复工程

独流减河天津宽河槽湿地改造工程

永定河绿色生态发展带『五湖一线』生态工程

廊坊市大清河水质净化工程

在京津冀地区，水专项先后部署了近十个不同类型的大型湿地。本画册第一次公开、系统地展示了京津冀水专项在湿地方面的探索与实践。

这些年，城市污水遇到了许多提标改造的问题，技术界对此也讨论颇多。河道水质到底应该是什么样子？水质标准应该满足什么要求？地方政府相继提出严格的环境质量标准。今后会不会有更严的标准？答案是可能的。滇池便是一个很好的案例。在长达20多年反复治理水质不达标之后，滇池提出了全国最严水质标准，总磷要求达到0.05 mg/L，总氮要求小于5 mg/L。

环境保护是环境保护法赋予地方政府的责任。一些地区为了与其经济发展相适应，主动追求高于国家标准的环境质量标准，这是环保责任的刚性需求。从全国范围来讲，这也是十九大报告提出的社会主要矛盾的体现，即"社会主要矛盾已经转化为人民日益增长的美好生活需要和不平衡不充分的发展之间的矛盾。"

美国水质法律非常烦琐，但其核心要求却很简单：可游可渔。前者要求水质对人体无害，后者则要求水质不引起生物变异，避免产生生物链效应。人民群众追求更高的水质要求，这是不平衡发展的一种具体表现，如何解决这一矛盾？

北方季节性河流污水排放标准与水环境质量标准之间存在着巨大的差距，而仅靠采用技术力量或者手段解决既有技术阻碍，也有经济困难。近几年，在南水北调东线工程，山东省生态环境厅在南四湖开展了大量水污染控制工作。河北省生态环境厅也发布了大清河流域标准，并将湿地作为污水处理厂的延伸环节。两地都把湿地建设正式引入到了污染控制工作和标准里。这给了政府一个可能的技术选项，政府在改善水环境的工具箱里也多了一个工具：污水处理与生态措施相结合。通过这些案例的分析使我们看见现在各级政府利用的相关政策工具还相对比较少，一些城市仅仅利用了提标这一个工具。政府的工具箱里还有很多其他工具。综合利用规划、总量控制、生态流量方法，这些都是可以利用的工具，但是，更多考虑污水处理厂和生态措施的结合的工具是我们的优先选项。

人工湿地虽是一种老的工艺技术，却可能成为水污染治理与水环境治理的一种新方法。除了处理污水、水质提升之外，湿地兼具调节地表径流、保护生物多样性、提升景观效果等多重功能。

大型人工湿地功能分析

本文定义的湿地主要是针对城市污水厂退水的大系统，一般是3万吨以上，主要是10万吨、20万吨以上的污染或微污染河道的大型人工湿地，以水质改善达到河湖环境质量标准为目标，通过湿地建设，提升景观效果，提供休闲场所。大型湿地主要功能如下：

1. 处理污水，改善水质

天津滨海工业带尾水人工湿地（临港湿地二期），北与临港湿地一期接壤，总占地面积约为 183 hm²。为有效修复湿地生态功能，保护鸟类栖息地，维护生态多样性，二期工程按照国家湿地公园的要求建设。公园以水处理为主题，兼具景观效果，分为科普宣教区、人工湿地区和原生湿地鸟类保护区，是国内唯一一座大型工业园区内的生态湿地公园。

与一期相比，二期能进一步处理工业园区溢流的雨水，避免工业园区内的雨水污染对周边环境的影响。该湿地直接处理工业尾水，经临港一期湿地，接着出水与园区初期雨水一起进入临港二期湿地处理，并最终排入渤海。

人工湿地区主要通过潜流湿地、表流湿地中的基质、植物与微生物的共同作用，有效去除氮、磷污染物，改善水质，净化水体。集配水渠均用碎石作为填料，湿地植被种植土层约为 20 cm，以挺水植物芦苇为主。

2. 营造区域湿地，调节地表径流

现代城市由于路面硬化，无法滞留雨水。如果说城市干涸可以理解，农村为什么也干涸了呢？2014 年 2 月，习总书记来到了玉泉山地区考察，这也是他少年时候居住过的地方，指出北京河水断流、地下水超采等生态系统退化问题，提出要保护水文化，要"看得见山、看得见水、记得住乡愁"。

北京过去是什么样子呢？中华人民共和国成立前，北京市水系统由元朝郭守敬设计，拦截昌平白浮泉及沿途 11 处泉水汇聚为河，成为大运河的端头，向东流向通州，汇入北运河。解放初期，北京还有"水乡北京"的称号。从这点上看，利用有限的水资源维持地方水系和湿地结构是完全可能的。

通过水质提升，污水厂数万吨的流量可否像白浮泉一样，支撑起一个区域的水生态系统重构？如果径流管理合适，一个 5 万吨的污水处理厂可以维持上千公顷的湿地群。快速排掉污水径流、雨水径流的管理方式，使得城市与农村干涸。在北方从前下完雨后，坑塘里马上积了水，孩子们可以到里面游泳。由此可见，即使在北方，维持适当的水面也是完全可能的。

3. 保护生物多样性，调节小气候（限大型湿地）

人工湿地对生物多样性的保持非常有效。除作为科普宣教区和人工湿地区以外，天津临港湿地二期还是一个原生湿地鸟类保护区。保护区位于湿地南部，以现状水鸟栖息地为核心区，针对不同水鸟对水深的栖息要求打造人工岛屿，建设富有梯度的鸟类保护区。湿地不大，运行状况却非常好。

4. 提升景观效果，提升旅游资源

除了保障水质安全，湿地群的建设还能拓展绿色空间，打造沿河景观。湿地群的建设需要结合区域内自然环境及成型空间，修复或延续生态功能，创造出适合动植物生存的、充满旺盛生命力的绿色生态廊道。

本画册介绍八号桥湿地与妫水河湿地有效改善了官厅水库的入库水质，提升了景观效果。北京的新首钢宛平湖、晓月湖、园博湖、莲石湖、门城湖，就是所谓的"五湖一线"，已经成为夏季北京市民重要的休闲地。形成了从上游世博园、官厅水库、百里画廊到新首钢的"五湖一线"景观群。今后，在北京南机场也会形成大的湿地景观。这些湿地不仅处理污水，也对景观提升与旅游资源提升起到了非常好的作用。

超大型人工湿地对水质提升的应用案例

这里给出一些超大型人工湿地对水质提升的应用案例。主要包括以下 4 种湿地类型案例：

河道水质提升大型自然景观构建型湿地——官厅八号桥湿地案例；

大型旁路人工湿地保障城市退水断面达标——龙河湿地案例；

大型近自然人工湿地提升城市退水水质——白洋淀河口湿地案例；

垂直复合型潜流湿地Ⅲ类水质保障——妫水河三里河湿地。

1. 官厅水库——改善河道水质，打造自然景观

官厅水库八号桥湿地位于河北省怀来县永定河入库口，总面积 211hm²。这是兼具自然景观特色的水质净化湿地，主要净化永定河上游来水。水库进入北京之前，水质在Ⅳ类到Ⅲ类水之间。建设之前，河道干涸期间老百姓就在河道里种地，施用大量的化肥、农药，来水以后回到水库，对河道水质会产生影响。北京市政府决定在官厅水库入库口建设一个河道型湿地，净化河水规模为 26 万 m³/d，每年可处理 0.95 亿 m³，表流湿地面积为 156hm²（2340亩）。设计目标是净化处理规模下消减污染物 30%，处理以后能稳定达到Ⅲ类水的目标。

湿地建设划分为三个区域：溪流形式湿地（Ⅰ区）、岛屿型湿地（Ⅱ区）

和单元型湿地（Ⅲ区），三个湿地串联运行，处理效果非常明显。氮磷处理率超过了 30%，总氮去除率最高可达 50%。水质改善、生态改善与景观改善作用显著，在植物搭配、营造大面积的大地景观上也做了相关设计。

保证官厅入库河水水质，是水专项和我国水环境保护的一个标志性成就。20 世纪 70 年代，我国在官厅水库建立了第一个环境保护机构——官厅环保办公室，这也是国务院成立的第一个环保机构。后来，由于污染问题，官厅水库退出了城市水源地。经过多年治理，现在官厅水库被重新定位为城市备用水源地。著名的泰晤士河曾被英国政治家约翰·伯恩斯称为世界上最优美的河流，因为它是一部流动的历史。然而进入 20 世纪，泰晤士河水质恶化，变成一条"死河"。通过治理，泰晤士河由"死"复生。如果通过湿地和其他措施相结合式，官厅水库水质可以稳定恢复到Ⅲ类水，这会是一个可以跟泰晤士河治理相媲美的结果。

2. 龙河——改善城市退水，保障断面达标

2017 年，廊坊由于两个主要的开发区水质不达标，都是劣Ⅴ类水，面临"限批"。到现场看了以后，发现不光河道水质不达标，城市内的黑臭河道也比较多。所以，结合水专项要求，我们在河道边上建了一个旁路湿地，处理龙河城市污水处理厂 3 万吨退水。同时，在湿地前面建设了一个预处理的泵站，将河道水引入湿地。

当时的设计要求已经达到了比较高的水平，至少是Ⅴ类水。自 2018 年 10 月建成到 2020 年稳定运行两年后，可以看出湿地大概 3 公里河道的效果，水质主要指标也稳定达到了Ⅳ类水的水质要求。三年来，龙河不光摘掉了劣Ⅴ类水的帽子，建成了一个湿地公园，助力廊坊解除了"限批"的要求。现在，这里的生态环境也非常好，各级政府和相关新闻都对此进行过报道。

3. 白洋淀——北方最大人工湿地，改善城市退水

由于白洋淀区域范围大，雄安新区定位高，白洋淀的水质改善问题比较突出。白洋淀的污染，主要是保定和高阳两个城市的退水造成的。保定大概 30 万吨的水，高阳大概 20 万吨的水。

从这两条入流河道入手考虑净化措施。最主要的负荷是承接保定的退水，这涉及一个 6300 亩的湿地：孝义河河口湿地水质净化工程，占地 3165 余亩。两个湿地是北方最大的人工湿地，完全是近自然的恢复湿地，采用"前置沉淀生态塘 + 水平潜流湿地 + 多级表流湿地 + 沉水植物塘"工艺，前面是前置的预处理；中间是水平浅流湿地，是主要功能型湿地，水生植物系统对氮磷的去除要做详细计算，现在也在投入运行。

府河河口和孝义河河口湿地水质净化工程的实施对白洋淀现在的水质有重大影响。有人说白洋淀全是水面，不建湿地行不行？利用水面自净是否可以？从整体的模拟结果看，功能型的湿地对特定污染物去除的设计是必要的。如果不经过特定的设计，水体自身可能会有自净效果，定量控制污染却是不可能的。

两个湿地建成以后，对恢复白洋淀淀区更大的水面相得益彰，保证了白洋淀的水质。现在，白洋淀几个考核断面的水质大大改观，在Ⅲ类至Ⅳ类水之间。

4. 妫水河——复合型湿地，Ⅲ类水质保障

最后给大家介绍一下妫水河世园会。作为永定河的支流，妫水河的水是直接入官厅水库的。北京水质标准实行Ⅰ级 B，延庆执行Ⅰ级 A，因为官厅水库功能区的要求是Ⅲ类水。建设湿地的目标非常明确，通过打造湿地型河流，形成延庆北部休闲观景区，同时兼顾防洪要求。

采用的方法是河道本身形成了城区的内循环，即水流循环的湿地。沿着整个河道，在城区建了二十几片不同类型的净化设施。在 11 公里河道里，水生植物有十几块。对河道进行改造的同时，为确保水质，在入湿地之前加了一个旁路辅流湿地，保证达到水质要求。在本画册中，也系统介绍了三里河复合湿地建设情况。通过这一系列设施，保证了处理要求。

京津冀水污染控制与治理综合示范

第 8 章
营造案例

营造篇

项目负责单位：中持水务股份有限公司
项目负责人：高志永

8.1　廊坊市龙河人工湿地工程

引言

《中华人民共和国国民经济和社会发展第十四个五年规划和 2035 年远景目标纲要》明确提出，加大重点河湖保护和综合治理力度，恢复水清岸绿的水生态体系。秉承"绿水青山就是金山银山"的生态理念，加强湿地保护，推动经济社会发展全面绿色转型。《京津冀协同发展规划纲要》的颁布，以及《廊坊市城市总体规划（2016–2030 年）》的提出，给廊坊市带来了重大发展机遇，同时也对当地的水环境质量、水资源和水生态承载力提出了更高要求。

鉴于国家和地方水污染治理的迫切需求，中持水务股份有限公司依托"十三五"水专项"京津冀南部功能拓展区廊坊水环境综合整治技术与综合示范"项目，实施了龙河人工湿地示范工程，通过技术研发及集成、工程示范，显著增强城市水环境的承载能力，促使当地水功能区水质明显改善，生态脆弱河流和水生态得到有效修复。团队从水资源优化调配、水环境综合整治、水生态重构、水景观构建等关键环节入手，以多级复合功能湿地为核心技术，着眼前端的物化强化预处理技术和中、后端的多级潜流 – 表流复合湿地净化技术，筛选不同水力负荷和污染物浓度等工况下多级复合功能湿地处理污染河水的最佳参数，并通过优选湿地植物、填料的种类与配比，实现水质净化的高效和经济组合，同时确保了湿地在冬季的持续有效运行。

龙河人工湿地的建设，大幅提升了龙河水环境质量，提升了生物多样性，有力支撑了地方政府涉及水项目成功解限，助力地方经济稳定发展；同时为永定河流域的生态建设提供了基础保障，真正实现"河畅、水清、岸绿、景美"的生态愿景，成为当地民众同乐共享的绿意空间。

这一示范性人工湿地，也为永定河廊坊段绿色生态廊道构建、北方大型人工湿地建设和管理提供了有力的科技支撑，为廊坊市加速融入京津冀协同发展战略起到了积极的推动作用。

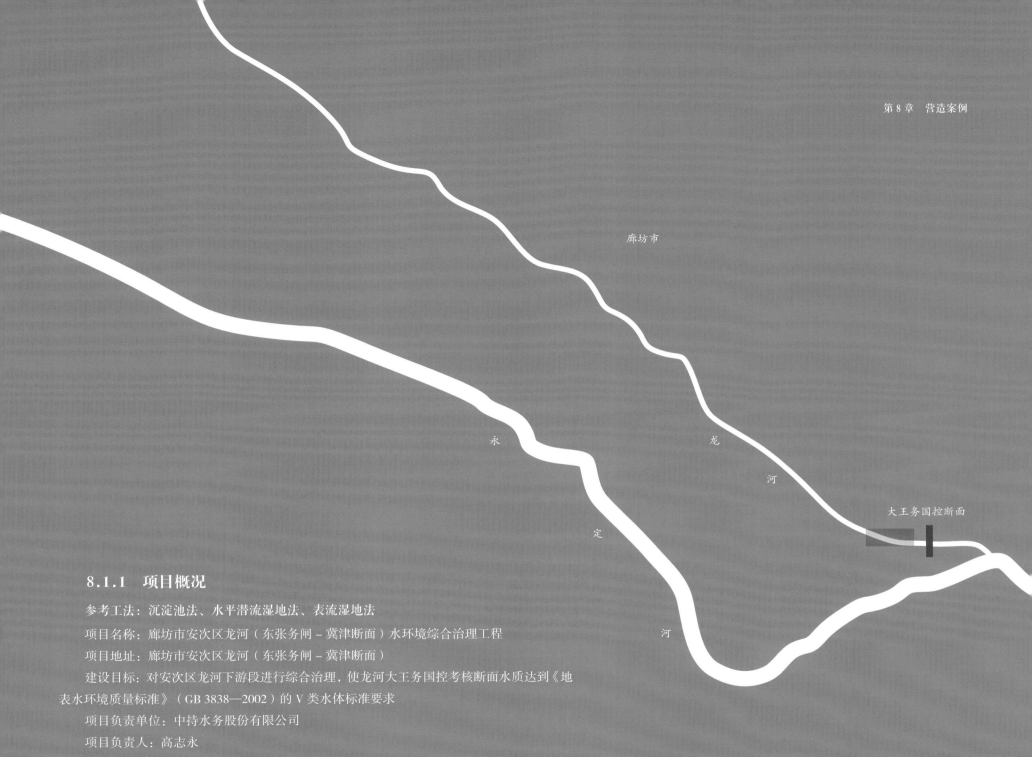

廊坊市

永

定

河

龙

河

大王务国控断面

8.1.1　项目概况

参考工法：沉淀池法、水平潜流湿地法、表流湿地法

项目名称：廊坊市安次区龙河（东张务闸 – 冀津断面）水环境综合治理工程

项目地址：廊坊市安次区龙河（东张务闸 – 冀津断面）

建设目标：对安次区龙河下游段进行综合治理，使龙河大王务国控考核断面水质达到《地表水环境质量标准》（GB 3838—2002）的 V 类水体标准要求

项目负责单位：中持水务股份有限公司

项目负责人：高志永

处理水量：30 000m³/d

设计进水水质：$BOD_5 = 20mg/L$、$COD_{Cr} = 60\ mg/L$、$NH_3\text{-}N = 6.0\ mg/L$、$TP = 1.5\ mg/L$

设计出水水质：$BOD_5 = 10mg/L$、$COD_{Cr} = 40\ mg/L$、$NH_3\text{-}N = 2.0\ mg/L$、$TP = 0.4\ mg/L$

8.1.2 工艺流程

湿地工程进水来自项目上游污染河水，通过提升系统和配水系统进入潜流湿地，湿地处理能力为30 000m³/d；当进水水质总磷（TP）和悬浮物（SS）超过设计水质时，经提升系统后先通过高效沉淀池处理再经配水系统配水。

运行方案

对进水污染物浓度进行初查，针对不同季节、水量设计两种预处理工况。

工况1：进水TP和SS低时，直接进入潜流湿地，节约运行成本。

工况2：进水TP和SS高时，进水先通过高效沉淀池再进入潜流湿地。

保证潜流单元运转正常和净水达标，延长潜流单元使用寿命。

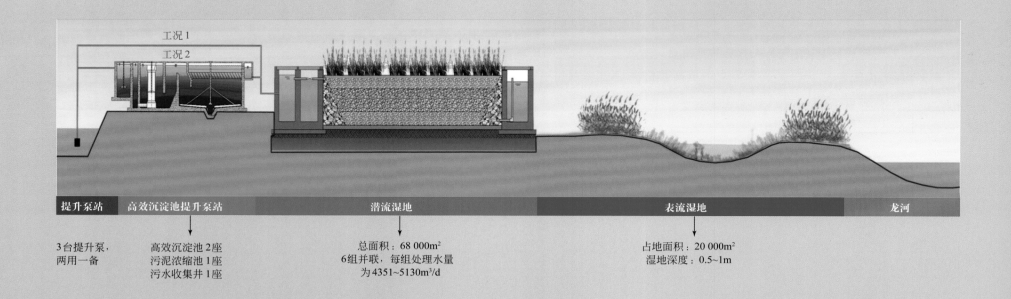

提升泵站	高效沉淀池提升泵站	潜流湿地	表流湿地	龙河
3台提升泵，两用一备	高效沉淀池2座 污泥浓缩池1座 污水收集井1座	总面积：68 000m² 6组并联，每组处理水量为4351~5130m³/d	占地面积：20 000m² 湿地深度：0.5~1m	

8.1.3　高效沉淀池

参考工法：沉淀池法

潜流湿地前设置预处理系统，其中建设高效沉淀池2座、污泥浓缩池1座、污水收集井1座、综合设备间1座。

高效沉淀池的适用范围广，与机械搅拌澄清池相比，水质适应性更强、抗冲击负荷能力更高、出水水质更好、处理效率更高、占地面积更小，在寒冷地区也便于修建围护结构保温。

8.1.4 水平潜流湿地

潜流湿地总有效面积为 62 880m²，分 6 组并联运行，每组湿地均由两级潜流湿地串联组成，处理水量为 4351~5130 m³/d。每组共有 14~16 个处理格，尺寸为 15m×38m~16m×48m，以 PVC 穿孔管布水 / 收水，上进下出。

潜流湿地设计参数：

水力负荷：0.48m³/（m²·d）；

COD 负荷：9.54g/（m²·d）；

NH_3-N 负荷：1.91g/（m²·d）；

TP 负荷：0.52g/（m²·d）；

COD 去除率 ≥ 33.3%，出水 COD ≤ 40mg/L；

NH_3-N 去除率 ≥ 66.7%，出水 NH_3-N ≤ 2mg/L；

TP 去除率 ≥ 73.3%，出水 TP ≤ 0.4mg/L。

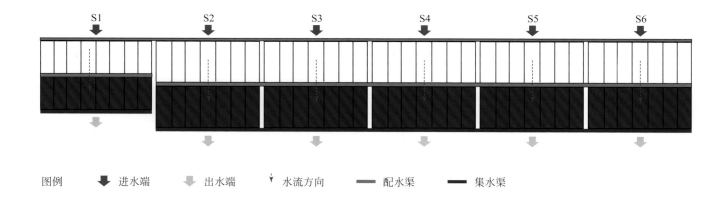

图例　▼ 进水端　▽ 出水端　↓ 水流方向　— 配水渠　— 集水渠

1. 防渗

参考工法：池体防渗技法

防渗技法 1：两布一膜法

对池底原土压实找平，铺设土工膜，土工膜上铺 200mm 厚黏土。

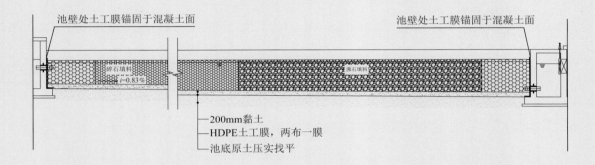

铺设土工膜 ▲ 土工膜焊接 ▶ 土工膜上层黏土保护

◀ 铺设土工膜 ▲ 土工膜焊接 ▶ 土工膜上层黏土保护

2. 填料

参考工法：填料配置技法

一级潜流湿地选择有利于氧气扩散的碎石填料，主要去除 COD 和 NH_3-N；二级潜流湿地选择对氮、磷吸附效果较好的碎石+沸石混合填料，主要对剩余氮、磷进行吸附。

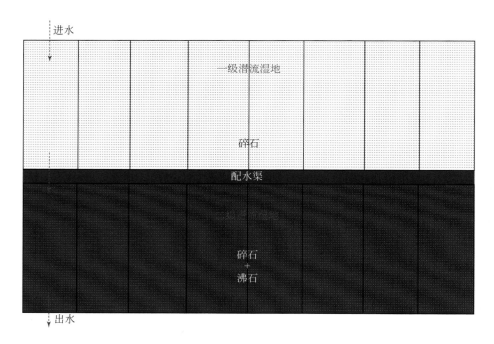

► 不同粒径不同品种填料

3.植物配置

参考工法：植物配置技法

结合实际情况，选择适合本地生长，耐寒、耐污的芦苇、香蒲等挺水植物，采取间隔种植方式，实现水质净化效率和生态景观的同步提升。

▼ 不同植物在潜流湿地各单元的配置

进水

| 芦苇 | 香蒲 | 芦苇 | 香蒲 | 芦苇 | 香蒲 | 芦苇 | 香蒲 |

一级潜流湿地

| 香蒲 | 芦苇 | 香蒲 | 芦苇 | 香蒲 | 芦苇 | 香蒲 | 芦苇 |

二级潜流湿地

出水

8.1.5 表流湿地

参考工法：表流湿地技法（5.3）

湿地占地面积为 20 000m²，湿地深度设计为 0.5~1m。从净化功能和季相变化角度考虑，为表流湿地搭配 6 种水生湿地植物、多种乔木及若干阳性 / 半阴性植物。

表流湿地植物种植种类及数量

序号	设备名称	型号规格	单位	数量
1	香蒲	挺水植物	万株	3
2	荷花	挺水植物	万株	0.42
3	睡莲	浮水植物	万株	0.48
4	水芹	浮水植物	万株	7.28
5	狐尾藻	沉水植物	万株	6.79
6	篦齿眼子菜	沉水植物	万株	8.36

◀ 龙河人工湿地全景　▶ 观景平台

8.1.6　实施过程

龙河湿地于 2018 年 10 月建成运行，运行三年来，系统整体运行正常、稳定，有效解决了断面水质不达标以及北方人工湿地冬季运行效果不佳的问题，实现了安全越冬和水质稳定达标。同时，龙河湿地生态恢复效果显著，在提高水环境的同时，也有效恢复了生物多样性。

实施后两年

项目实施前

项目实施中

项目实施后

8.1.7 实施成效

通过功能改造及生态提升，营造"自然溪涧"意境，有效提升龙河生态景观效果，增加以湿地为核心的人居绿意共享空间。

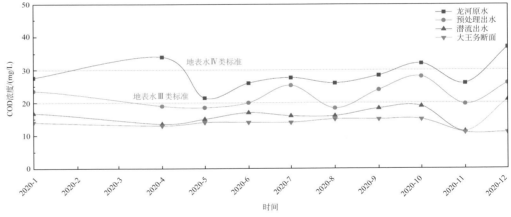

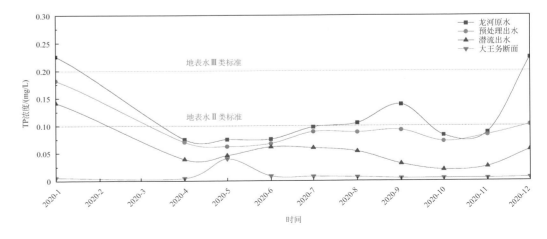

8.1.8 净化效果

龙河湿地工程实施前,龙河水质属于劣 V 类,下游大王务国控断面长期难以达到考核要求。湿地工程实施后,潜流湿地出水 COD 浓度稳定保持在 15~25mg/L,NH$_3$-N 浓度稳定低于 0.3mg/L 以内,TP 稳定低于 0.2mg/L,大王务国控断面水质稳定优于地表 IV 类水标准,稳定满足地表 V 类水标准的考核要求,有力支撑地方政府涉及水项目成功解限,助力地方经济稳定发展。

项目负责单位: 中持水务股份有限公司
项目负责人: 宋洪涛

8.2 廊坊市老龙河人工湿地工程

引言

廊坊市老龙河人工湿地工程作为"十三五"水专项"京津冀南部功能拓展区廊坊水环境综合整治技术与综合示范"项目下设课题四"湿地生态系统重构及河滩地水质净化与储存研究与示范"的示范工程,由中持团队基于龙河示范工程"多级潜流-表流复合湿地净化技术"进一步研究建设,是国家"十三五"水专项科技成果的转化与应用。

老龙河人工湿地以"沉降塘+人工湿地(潜流湿地+表流湿地)+水力调控"为主要工艺,根据老龙河水力负荷和污染物浓度设计湿地最佳参数,优选湿地植物、填料的种类及配比,实现了水质净化的高效经济组合。老龙河人工湿地沉淀龙河湿地的技术和建设经验,以"生态湿地,回归自然"为定位,在有效保障了老龙河落垡桥市控断面水质稳定达标的同时,为迁徙水鸟创造了觅食、栖息和繁殖的生态栖息场所,与龙河湿地相比,景观效果、生态效果更加显著。

目前"多级潜流-表流复合湿地净化技术"研究成果已成功推广应用于廊坊开发区九干渠综合治理二期工程、承德市鹰手营子矿区柳河水环境综合治理等项目中,力求为地方区域生态环境发展与生态文明建设做出积极贡献。

8.2.1 项目概况

参考工法：水平潜流湿地工法

项目名称：廊坊市安次区老龙河水环境综合治理工程

项目地址：廊坊市安次区老龙河

建设目标：对安次区老龙河下游段进行综合治理，使老龙河落垡桥市控断面水质达到《地表水环境质量标准》（GB 3838—2002）的 V 类水体标准要求

项目负责单位：中持水务股份有限公司

项目负责人：宋洪涛

设计处理水量：8000m³/d

潜流湿地面积：24 000m²

设计进水水质：COD ≤ 65mg/L、NH₃-N ≤ 3mg/L、TP ≤ 1.6mg/L

设计出水水质：COD ≤ 40mg/L、NH₃-N ≤ 2mg/L、TP ≤ 0.4mg/L

8.2.2 工艺流程及设计参数

工艺流程：老龙河→稳定塘→提升泵站→配水系统→潜流湿地→老龙河表流湿地

主要设计参数

水力停留时间：1.5d

TP 负荷：0.17g/（m²·d）

NH₃-N 负荷：1.19g/（m²·d）

潜流人工湿地填料深度：1m

水力坡度：1%

▲ 老龙河湿地平面布置

8.2.3　稳定塘

参考工法：生物滞留塘法

8.2.4 潜流湿地

1. 结构

参考工法：集配水技法、填料配置技法

集配水采用穿孔管，水位调节采用液位调节装置。

潜流人工湿地填料采用碎石，初期孔隙率为50%。

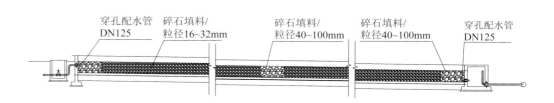

2. 防渗

参考工法：池体防渗技法

采用 HDPE 土工膜防渗；土质基础经压实找平后依次铺设 HDPE 复合土工膜（两布一膜）及 200mm 黏土保护层。

◀ 潜流湿地结构　▶ 潜流湿地防渗施工

（3）植物配置

参考工法：植物配置技法（2.3.5）

选择挺水植物香蒲、芦苇、水葱，种植比例为 2:7:1，植物根系埋深控制为 20~30cm。

老龙洞潜流湿地实景

8.2.5 实施过程

▲ 施工中

▶ 施工后两年

▼ 施工完成初期

8.2.6　实施成效

绿色龙河奔流不息

8.2.7 净化效果

老龙河湿地于 2020 年 5 月底建设完成，6 月试运行顺利通水，7 月开始第三方跟踪监测。6 个月的水质监测结果显示，湿地运行状态良好，湿地出水水质指标 COD、NH_3-N、TP 均稳定在地表Ⅳ类水标准。湿地下游落堡桥市控断面水质稳定满足地表Ⅴ类水标准的考核要求。

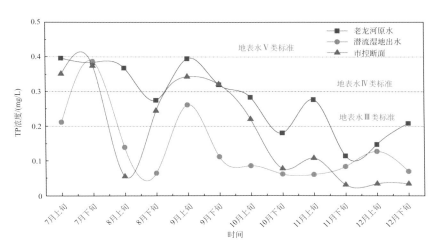

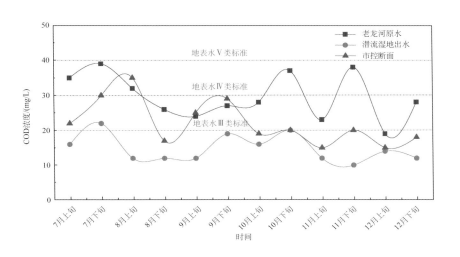

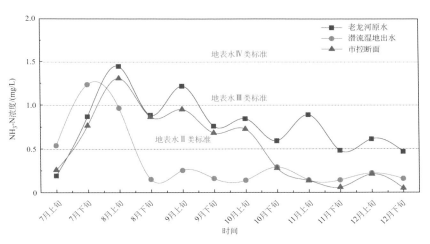

项目负责单位：天津市生态环境科学研究院
项目负责人：邹锋

8.3 滨海工业带人工湿地工程

引言

天津临港经济区湿地工程作为"京津冀区域综合调控重点示范板块""滨海工业带尾水人工湿地构建技术研究与示范"课题的示范工程，针对污水处理厂尾水深度净化难度大、残留有毒有害物质生态风险未知、初期雨水污染程度高、冲击负荷高、滨海工业带湿地生态退化严重的问题，研发滨海工业园区初期雨水高效预处理技术、人工湿地有毒有害有机污染物强化去除技术、人工湿地植物–微生物氮磷强化去除技术和人工湿地景观构建与生境恢复技术4项技术，形

成集深度净化、景观构建及生境恢复三位一体的人工湿地构建技术体系，解决了滨海工业带水环境、水生态问题，实现了出水 TN ≤ 6mg/L、TP ≤ 0.25mg/L，主要特征污染物及残存微量有毒有害污染物去除率不低于40%的净化效果。天津临港经济区湿地工程应用污染物协同去除技术，有效处理园区污水处理厂尾水和初期雨水；应用人工湿地景观构建与生境恢复技术构建湿地保育区，建设鸟类栖息地，有效提升了湿地生态服务功能，产生了显著的生态环境效益。

8.3.1 项目概况

一期参考工法：水平潜流湿地法、表流湿地技法

二期参考工法：表流湿地技法

项目名称：天津滨海工业带尾水人工湿地工程

项目地址：天津市滨海新区临港经济区 S11 海滨高速旁

建设目标：建立集深度净化、景观构建及生境恢复三位一体的滨海工业带尾水人工湿地工程

项目负责单位：天津市生态环境科学研究院

设计单位：天津泰达园林规划设计院有限公司

项目负责人：邹锋

课题技术负责人：刘红磊

处理水量：$1.75 \times 10^4 \mathrm{m}^3/\mathrm{d}$

设计进水水质：BOD_5=35mg/L、COD_{Cr}=105mg/L、NH_3-N=26mg/L、TP=1.74mg/L

设计出水水质：TN ≤ 6mg/L、TP ≤ 0.25mg/L

8.3.2 总平面布置

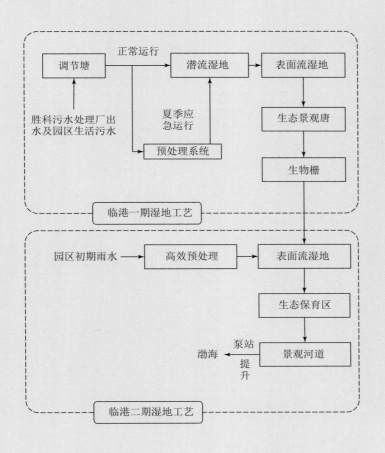

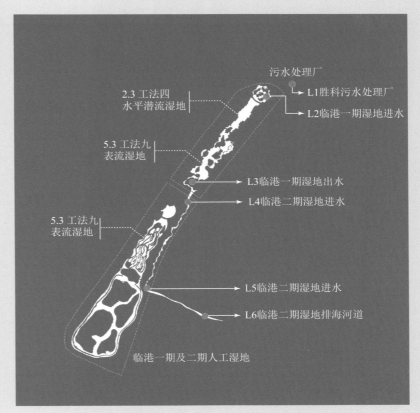

8.3.3 调节塘

调节塘位于工程起始端 158m 范围内，主要起水量调蓄、水质调节以及为后续人工潜流湿地均匀配水等作用。

设计面积：2.4hm²

设计水深：1.5~2m，平均约 1.75m

总调蓄量：$2.1 \times 10^4 m^3/d$

停留时间：1.2d

设计日充氧量：84kg/d

调节塘进水端设有应急处理系统（预处理系统），减少污水中的悬浮物，防止湿地填料堵塞。

塘内设有 5 座中心生态岛，起导流、预净化和丰富水面景观的作用，并设置推流曝气复氧设施，抑制藻类生长，应对突发性污染。

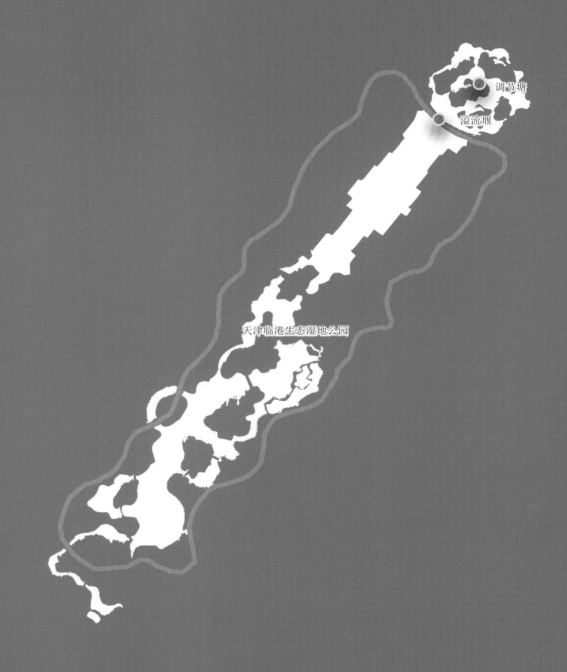

▲ 调节池
▼ 调节池　　▶ 溢流堰

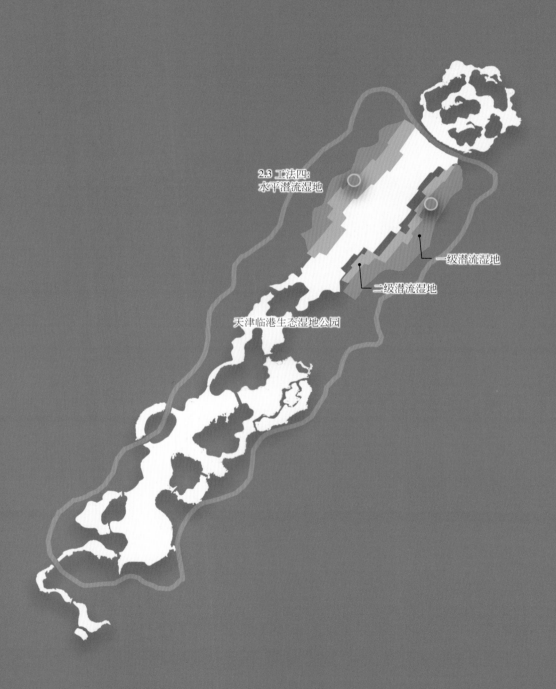

2.3 工法四：
水平潜流湿地

一级潜流湿地

二级潜流湿地

天津临港生态湿地公园

8.3.4 潜流湿地

潜流人工湿地位于工程起始端 500m 区段河道湿地的两侧，占地面积约为 6.3hm²。分为一级潜流、二级潜流和表流人工湿地三个部分。集配水渠设于外侧，采用流线型设计，36 组潜流湿地分两组相对布置，表流湿地位于两侧潜流湿地之间。

人工湿地设计参数

名称	湿地面积 /hm²	处理水量 /(m³/d)	水力停留时间 /d	COD 负荷 /[kg/(hm²·d)]	NH₃-N 去除负荷 /[kg/(hm²·d)]
潜流湿地	4.68	17 500	3.2	187	67
表流湿地	0.95	17 500	0.65	92	55

参考工法：水平潜流湿地工法（2.3 工法四）

集配水系统：在人工湿地前端设置引水和配水渠道，采用 UPVC 穿孔管布水，上进下出，集配水渠和人工湿地外墙以及底部基础均采用 C25 钢筋混凝土浇筑，湿地底层采用二布一膜土工膜。

填料：人工湿地外墙高 1.2m，填料为砾石，填料总厚度为为 1.0m，在湿地前、后端 1.5m 均填充 $D60\sim90$mm 砾石作为配水区和集水区，中间分 2 层铺设，下面为 0.6m 的粗砾石（$D60\sim90$mm），上部为 0.4m 中、小砾石（$D20\sim50$mm）；湿地底坡度为 0.5%。

水位控制模式：水位控制采用特制的控制设备，可灵活调节水位高度，种植初期（$10\sim20$d）控制床水位为 $0.9\sim1.1$m，待植物成活后将正常水位控制在 0.9m 以下。

植物配置设计：合理配置挺水与湿生植物，选择北方常见的芦苇、香蒲等植物。

植物配置设计

名称	科属	类型	种植密度 /（墩 /m²）	种植面积 /m²
芦苇	禾本科芦苇属	挺水	24	11 594
香蒲	香蒲科香蒲属	挺水	36	1 550
水葱	莎草科藨草属	挺水	45	9 152
菖蒲	天南星科菖蒲属	挺水	36	13 021
千屈菜	千屈菜科千屈菜属	湿生	24	9 234
黄花鸢尾	鸢尾科鸢尾属	挺水	36	6 368

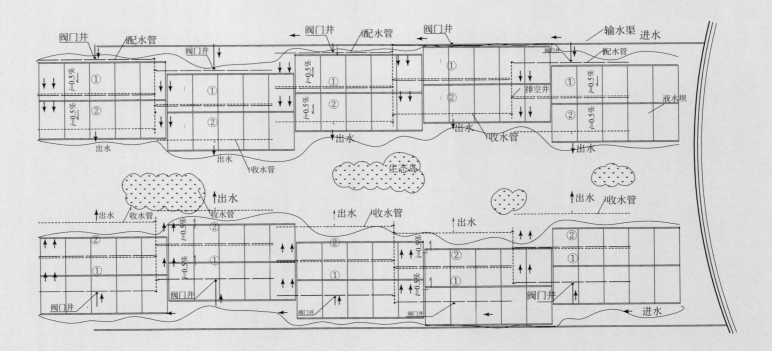

一级潜流湿地　　　　透水花墙　　　　一级潜流湿地

集、配水渠

◀ 调节池（调节进入湿地水量流速）　▶ 一级湿地木栈道

▼ 潜流湿地平面

一期湿地 — 表流湿地

天津临港生态湿地公园

5.3 表流湿地技法

▲　中心小岛

▶　河道型湿地

▼　溢流堰

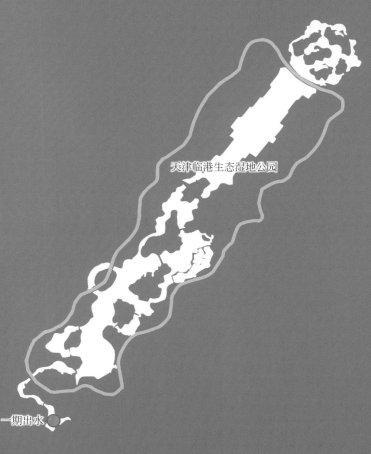

天津临港生态湿地公园

一期出水

▲　出水溢流堰

▼　出水口

8.3.5　二期湿地

二期湿地主要为表流湿地，功能定位为临港湿地一期的延续，承担对湿地一期出水和区域初期雨水的深度处理，处理后的净化水作为湿地保育区的生态补充水源，富余水量流出湿地用于临港区域景观河道补水。非汛期临港区内景观河道水不需外排，汛期当汇入景观河道的雨水量超过河道的调蓄能力后，通过排海泵站外排至渤海。

设计处理水量：22 500m³/d（一期出水 17 500m³/d+ 初期雨水 5000m³/d）

占地面积：5hm²

设计进水水质：TDS 3000~6500mg/L，TN 3.3~7.3mg/L，TP 0.15~0.3mg/L

设计出水水质：TN < 6.0mg/L，TP < 0.25mg/L

◀ 表流湿地　▶ 生境保育区

◀ 表流湿地　▶ 生境保育区

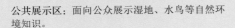

湿地保育区：通过湿地景观构建和生境恢复，为迁徙水鸟创造觅食、栖息和繁殖的生态栖息场所。

人工湿地区：主要为表流湿地，功能定位为临港湿地一期的延续，承担对湿地一期出水和区域初期雨水的深度处理，处理后的净化水作为湿地保育区的生态补充水源，富余水量流出湿地用于临港区域景观河道补水。

公共展示区：面向公众展示湿地、水鸟等自然环境知识。

初期雨水高效预处理系统：初期雨水收水范围共 178hm²，包括 12# 雨水泵站汇水范围（已建成区）172hm² 和渤海海十路 1km 路段（北至嘉陵江道，南至津晋高速公路东延线）6hm²。

1. 分散式初期雨水处理装置

布置位置：嘉陵江道与渤海十路交口处

处理规模：2000 m³/d

处理工艺：物化处理

2. 集中式初期雨水处理装置

布置位置：二期湿地调节塘前端进口

处理规模：3000m³/d

处理工艺：物化 + 生化处理

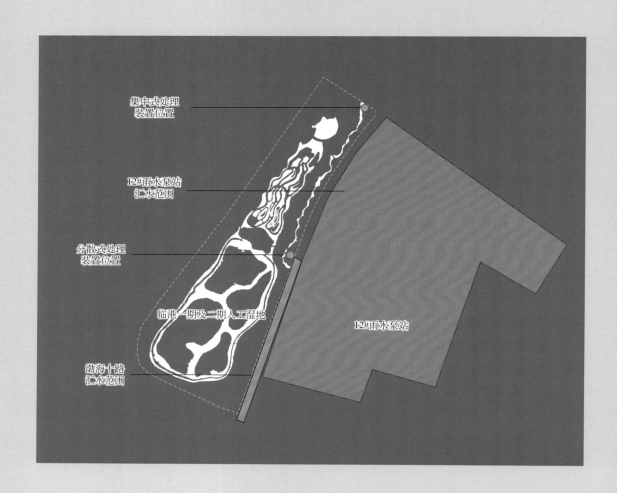

▲ 初期雨水收水范围及设施布置

◀ 湿地驳岸　▶ 观鸟台

◀ 湿地底基质　▶ 两布一膜防渗层

137

8.3.6 实施效果

临港二期湿地出水水质 TN 稳定低于 6mg/L，TP 稳定低于 0.25mg/L；

主要特征污染物及残存微量有毒有害污染物去除率超过 40%；

建成临港二期湿地生境保育区（核心区）40hm²，本地植物物种比例超过 90%；

2020 年下半年观测到鸟类 80 余种，显著高于湿地营造前的鸟类种群数量。

▲ 湿地完成初期

139

项目负责单位: 北京市水利规划设计研究院
项目负责人: 王利军

8.4　三里河潜流湿地工程

引言

三里河湿地公园位于北京市延庆区延庆镇孟庄村东，始建于 2017 年 12 月，湿地面积达到 22.94hm²。经过两年多的开发建设，三里河湿地公园以崭新的姿态展现出湿地的靓丽景观，主要景观包括观赏水面、绿地草坪、水生植物、潜流湿地、观景塔、观鸟亭、观景平台、科普朗庭、林荫广场等。

三里河潜流湿地工程建设复合垂直流人工湿地系统对妫水西湖水质进行提升。复合垂直流人工湿地系统由下行池和上行池串联组成，两池中间设有隔墙，底部连通，池内填有不同粒径的基质填料，种植不同种类的水生植物，通过介质吸附和微生物的作用强化系统的除磷脱氮效果。同时借助城北循环管线，有效提升妫水河水质，促使妫水西湖水质主要指标达到地表水 Ⅲ 类标准。

三里河湿地公园通过营造湿地生态景观，道路两侧绿树环拥，鸟鸣蛙唱，池内绿植摇曳生姿，百花争艳，引来白鹭振翅和野鸭栖息，在"延庆蓝"的映衬下，游客在湿地公园休闲漫步，游玩观光。三里河湿地公园打造了"显山、露水、透绿"的自然生态城市景观，为延庆区升级了"湿地绕城、水系互联"的优美水环境。

8.4.1 项目概况

参考工法：复合垂直流湿地工法（4.3 工法六）

项目名称：延庆新城北部水生态治理工程

项目地址：北京市延庆区延庆镇孟庄村东

建设目标：以妫水河河水为主要处理水源，进水水质主要指标为国家《地表水环境质量标准》（GB 3838—2002）Ⅳ类水标准，出水达到地表Ⅲ类水标准

设计及课题牵头单位：北京市水利规划设计研究院

课题负责人：王利军

处理水量：70 000m³/d

占地面积：226 000m²

设计进水水质：COD_{Cr}=30mg/L、NH_3-N=1.5mg/L、TP=0.2mg/L

设计出水水质：COD_{Cr}=20mg/L、NH_3-N=1.0mg/L、TP=0.05mg/L

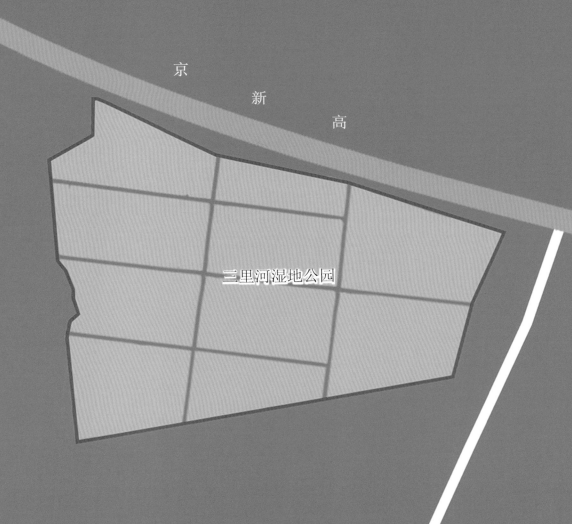

京

新

高

三里河湿地公园

湿地分区面积统计		单位：m²	
A区	21 159	B区	27 807
E区	18 000	C区	12 538
F区	14 767	D区	17 997
G区	21 877	I区	21 294
H区	18 881	J区	27 732
南区合计	94 684	北区合计	107 368

- 湿地范围占地面积：23 万m²
- 陆地绿化面积：1.2 万m²
- 功能性湿地面积：20.4 万m²
  - (1) 观赏水面面积：1.4 万m²
  - (2) 草坪面积：0.7 万m²
  - (3) 水生植物面积：18.3 万m²
  - (4) 铺装面积：0.65 万m²
- 车行道面积：1.2 万m²
- 建筑面积：300m²

▼ 三里河湿地系统重要节点布置

8.4.2　工艺流程及平面布置

工艺流程：妫水河上游来水经循环提升泵站加压，进入湿地前段配水渠向潜流湿地系统进行均匀配水，经过下行垂直流潜流湿地、上行垂直流潜流湿地的生态净化处理后，湿地出水依靠重力退入下游三里河地表水体。

项目用地为不规则多边形，考虑湿地运行与单元划分，将湿地分为面积相当的 10 个分区，形成"田"字结构，各分区可独立运行。

10 个分区统一布水，在北侧 5 个区与南侧 5 个区之间设置布水管，水源总管自南侧四五中间接入布水总管，利用现状循环水剩余水头完成湿地布水。湿地出水分别由南、北两侧出水管收集，自西向东流入湿地东侧三里河。

在三里河右岸靠近循环管道位置设置提升泵站，将净化后的循环水再提升，利用现有管道输入下游循环支路。

8.4.3　复合潜流湿地

参考工法：复合垂直流湿地工法

工程采用独特的下行 – 上行串联的复合水流垂直潜流湿地系统，使水流更加充分均匀地流过整个填料床过水断面，有效解决了以往渗滤湿地存在的"易短路"难题，并且形成了好氧与厌氧条件并存的脱氮除磷环境条件，显著提高了湿地系统的净化处理效果。每个分区湿地分为 2~3 级串联设置，下渗 – 上流复合垂直流型或下渗 – 水平 – 上流复合流型。标准单元由两个 50m×30m 的下行池和上行池组成，根据地形对单元面积进行调整。

总水力负荷：0.34m³/（m²·d）。

表面有机负荷：21kgBOD₅/（hm²·d）。

1. 湿地配水

参考工法：集配水技法

单元布水管设置单元进水阀门井 1 座，单元进水管采用 DN100 钢管，单元内布水管水头为 6~8m，总水头损失 2~3.5m，湿地内布水均匀。

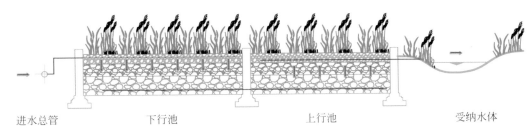

潜流湿地工艺流程图

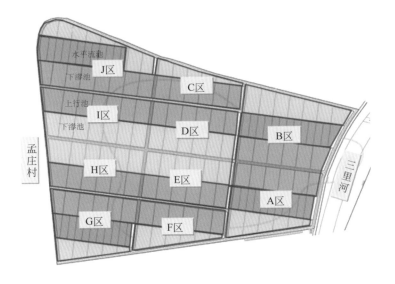

2. 湿地填料配置

参考工法：填料配置技法

湿地系统填料区分为进出水区、过滤沉淀区和生化处理区、出水区四个部分，池内填有石灰石、火山岩、沸石、生物球、水净石等不同粒径的基质填料，各区域填料种类配比和粒径均不相同。

人工湿地的填料总厚度为 1.4m，分为 3~4 层。

第一层为布水、集水以及植物种植层，为石灰石或沸石填料，粒径 4~8mm。

中间 1~2 层为主处理层，为石灰石 + 火山岩混合料，粒径 8~32mm。

下层为中间集水、布水层，根据湿地单元底坡沿下游湿地方向增厚，为石灰石或碎石填料，粒径 16~64mm。

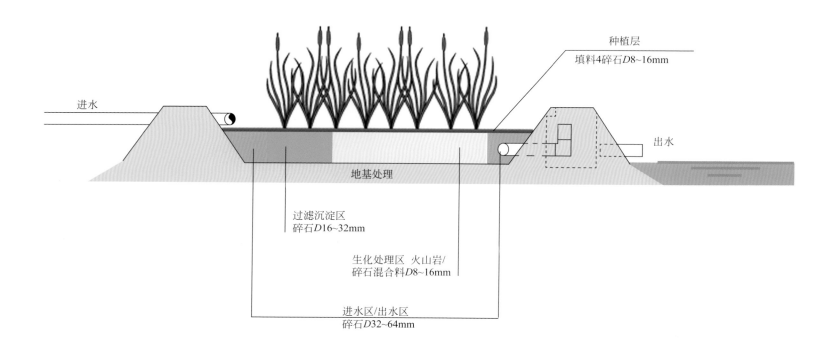

8.4.4 实施成效

▲ 观鸟台
                ▶ 湿地全景图
▼ 潜流湿地单元格

项目负责单位：北京市水利规划设计研究院
项目负责人：王利军

8.5　官厅水库八号桥水质净化湿地工程

引言

官厅水库八号桥水质净化湿地工程位于河北省怀来县官厅水库八号桥永定河入库口滩地与大秦铁路八号桥水文站之间长约 3.5km，平均宽 700m 的区域，占地面积 200hm²，设计净水规模 26 万 m³/d。

秉承自然生态的理念，湿地工程充分利用滩地空间及地形条件，参照人工湿地的设计要点，并结合溪流、生态塘、表流湿地、潜流湿地的功能特性进行优势互补，致力于构建一套集水质保障、生态修复及景观建设于一体的高标准水质保障仿自然湿地技术，同时结合上游来水水质、区域气候特点，开展人工强化脱氮除磷技术与低温稳健运行机制相关研究。

湿地工程依照建设区域的地形、地貌特征，因地制宜地进行功能区划，从整体空间格局及水质处理流程上，形成三大处理区，其中预处理区主要为溪流湿地，主处理区主要为岛屿及滩涂湿地，深度处理区主要为梯田湿地。根据各类型功能湿地的水质净化以及自然生态效果进行优化组合、串并联分区，形成了"既有内部串联，又整体并联"的湿地网络。

示范工程自 2019 年 9 月底运行至今，在上游来水 Ⅳ ~ Ⅴ 类的条件下，N、P 削减率分别达到 48%~59% 和 52%~61%，远高于 30% 的预期目标。冰封期湿地系统可实现连续运行，有效破解了仿自然湿地越冬运行难题，为永定河生态廊道及冬季奥运会区域高标准水质目标提供了技术保障。

8.5.1 项目概况

参考工法：表流湿地技法、生态塘工法

项目名称：官厅水库八号桥水质净化湿地工程

项目地址：河北省怀来县官厅水库八号桥（永定河入库口滩地与大秦铁路八号桥水文站之间）

建设目标：建设兼具有自然景观特色的水质净化湿地，改善永定河入库水质，实现永定河入库口河道及水库生态修复，打造北京生态水务展示和示范点，提升世界园艺博览会及冬季奥运会周边水环境

设计及课题牵头单位：北京市水利规划设计研究院

课题负责人：王利军

设计处理水量：26 万 m^3/d

建设面积：200hm^2

设计进水水质：COD_{Cr}=53.38mg/L、BOD_5=3.19mg/L、NH_3-N=0.43mg/L、TP=0.22mg/L

设计出水水质：永定河来水主要水质指标优于地表水 Ⅳ 类条件下，湿地出水稳定达到地表水 Ⅲ 类；来水水质未达到 Ⅳ 类标准时，实现 N/P 削减量达到 30%

八号桥湿地水净化规模（调水除外）

流量 / (m^3/s)	0.5	1.0	2.0	3.0
规模 / (万 m^3/d)	4.3	8.6	17	25
保证率 /%	92.5	81.7	55.8	36.7

净化小流量为主，设计规模为 1.0~3.0m^3/s，折合 9 万 ~26 万 m^3/d；大流量时以降低入库泥沙、水土保持、生态涵养为主要功能；中等流量（3~40m^3/s）二者兼具

8.5.2　工艺流程及分区

湿地工程运行分为两阶段：

1）调试运行阶段，采用小流量运行方式，进水流量 0.2~0.8m³/s。

2）稳定运行阶段，稳定运行期间控制系统进水流量稳定在 1m³/s。

功能分区：

第一处理区以漫流式表流湿地为主，模拟天然湿地特征，形成溪流特征湿地。面积 35.2 万 m²。

第二处理区以漫流式表流湿地为主，形成岛屿滩涂特征湿地。面积 48.8 万 m²。

第三处理区以单元式表流湿地为主，形成梯田特征湿地。面积 71.5 万 m²。

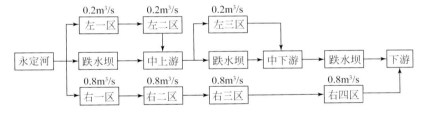

注：统计该流量时，第一处理区尚未通水。

分区水力负荷及相对去除效果

处理分区	COD$_{Cr}$ 相对去除率 /%	TN 相对去除率 /%	TP 相对去除率 /%	NH$_3$-N 相对去除率 /%	水力负荷 /[m³/（m²·d）]	停留时间 /d
第二处理区	−0.07	22.61	44.86	30.44	0.196	5.855
第三处理区	15.73	53.63	55.73	−14.58	0.162	3.735
合计	15.68	64.11	75.59	20.29	0.104	9.59

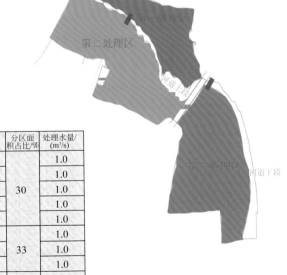

处理分区	区域名称	功能	分区面积占比/%	处理水量/（m³/s）
第一处理区	左一区	预处理	30	1.0
	左二区	预处理		1.0
	左三区	主处理		1.0
	河道上段	辅助处理		1.0
	河道下段	辅助处理		1.0
第二处理区	右一区	预处理	33	1.0
	右二区	预处理		1.0
	右三区	主处理		1.0
第三处理区	右四区	精处理	35	1.0

8.5.3 湿地总设计

参考工法：表流湿地技法、生态塘工法

河道湿地：40m³/s 输水能力，复式断面

溪流湿地：输水通道，全断面防护，水深 0~1.0m

滩涂湿地：自然地形，水深 0~0.5m

生物塘湿地：开挖地形，边坡护砌，水深 1~2m

湖泊湿地：开挖地形，边坡护砌，水深 0.3~1.5m

岛屿湿地：自然地形修整或堆筑，坡脚护砌，建设野生动物栖息地

森林湿地：保留现状林木（柽柳），开挖林间溪流 + 林间漫流

鱼鳞湿地：开挖地形 + 鱼鳞形石笼渗滤墙，水深约 1.0m

潜流湿地：技术示范，单元 + 填料，水深约 1.5m

浮动湿地：单元进水生物塘中，浮岛 + 下垂生物载体

单元湿地：开挖地形，回形流道布置，水深 0.3~0.5m

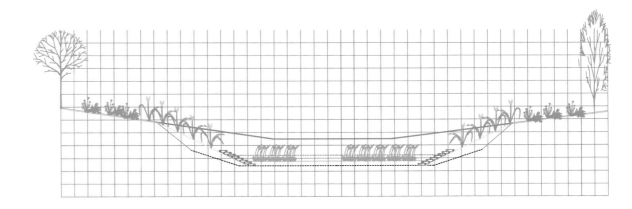

8.5.4　河道湿地

河道湿地是利用永定河主槽建设的湿地。考虑
排水要求，河道设置总宽为 30~50m，底宽 15m，
岸坡设置为二层，形成中央水深 2m 及两侧水深
0.8m 的区域。中央区域以自然水面为主，两侧种
植荷花、睡莲等水生植物。

▲ 河道湿地标准断面

▼ 河道湿地实景图

8.5.5 溪流湿地

在左一区、左二区、左三区、右二区、铁路区及其他湿地区的连通沟渠等疏挖若干溪流，通过勾连、交互形成交错的线条式湿地，形成条带状湿地特征。

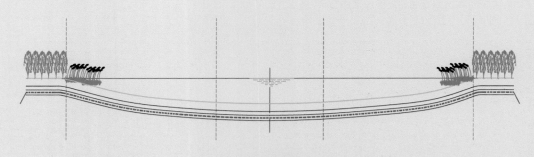

溪流蜂巢护底断面

◀ 施工中　▶ 施工后

8.5.6 森林湿地

森林湿地位于右一区，由大秦铁路、沙蔚铁路及永定河子槽分割形成，该区北侧和西侧为现状柽柳林和杨树林。因区域林木较多，设置为森林湿地，形成疏林密草沼泽型湿地特征。

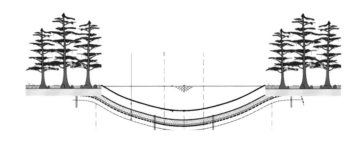

▲ 湿地实景图

8.5.7 漫流湿地

漫流湿地根据分区特点及景观多元化原则，在发生大于 40m³/s 来水时，永定河主槽发生漫滩，河水漫入湿地，不影响湿地功能，但由于水流不受控制，湿地净化效果下降。

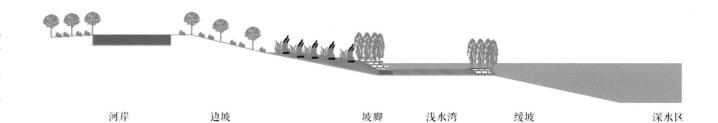

河岸 　　　　边坡 　　　　坡脚 　浅水湾 　缓坡 　　　　深水区

▲ 漫流湿地实景图

8.5.8　湖泊湿地

利用现状田埂与河道主槽围成的区域，开挖土方整理形成湖泊湿地，面积约 11.9 万 m^2，水深 1.5m，最短水力停留时间约为 30h。

湖泊湿地内，通过微地形构建，创建若干植物岛屿，岛屿地面高程与水面基本持平，形成大量点状分散包括水面、绿道、浅滩等多元素的湿地。

▲ 湖泊湿地实景图

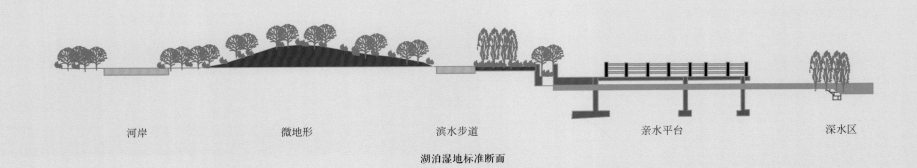

| 河岸 | 微地形 | 滨水步道 | 亲水平台 | 深水区 |

湖泊湿地标准断面

155

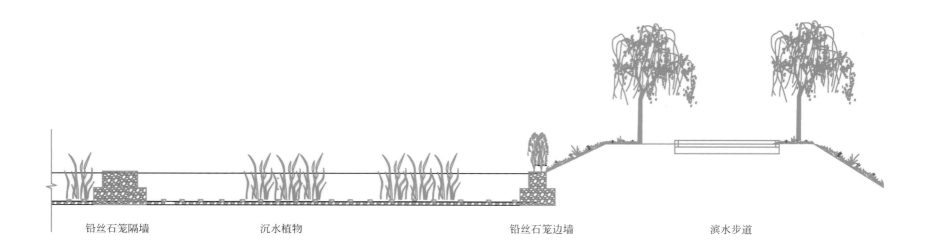

铅丝石笼隔墙　　　　　　　沉水植物　　　　　　　　　　铅丝石笼边墙　　　　　　滨水步道

8.5.9　鱼鳞湿地

利用现状田埂围成的区域建设鱼鳞湿地，湿地通过溢流堰与主湖连接，末端通过溢流堰与溪流连接，水流最终进入生物塘。

湿地内通过码放铅丝石笼导水，使水流折返式流动，因导水石笼设置为鱼鳞形，湿地总体上形成鱼鳞形布置特征。

▲ 鱼鳞湿地实景图

8.5.10 单元湿地

根据右四区现场高程，利用地势较高位置，即场地北侧八号桥下滩地现状横坡、场地西侧现状土路以及南侧鱼塘围堤，并在永定河右岸堆砌土堤，共同构成湿地外围隔堤，形成单元湿地，湿地单元标准尺寸设置为 200m×60m，局部单元根据场地位置进行尺寸调整。

参数项目	湿地系统	生物稳定塘	湿地单元			其他
			北区湿地	东区湿地	南区湿地	
面积 /hm²	71.5	14.7	13.6	4.3	29.5	9.4
组数	—	3	6	3	8	—
每组单元数	—	—	2	2	4	—

▲ 单元湿地实景图

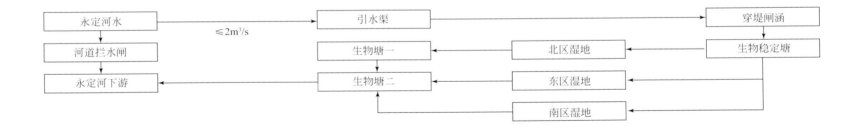

```
永定河水 ──────≤2m³/s─────→ 引水渠                        穿堤闸涵
  │                              │                          │
河道拦水闸        生物塘一 ←──── 北区湿地 ←──── 生物稳定塘
  │                  │              │                        
永定河下游 ←──── 生物塘二 ←──── 东区湿地                    
                     │                                       
                  南区湿地 ──────────┘
```

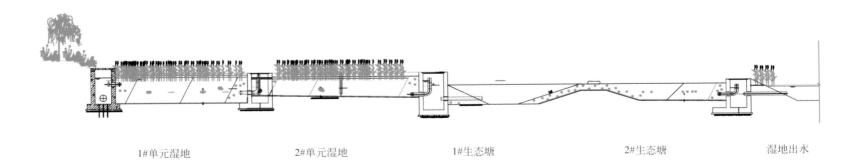

| 1#单元湿地 | 2#单元湿地 | 1#生态塘 | 2#生态塘 | 湿地出水 |

8.5.11　防护材料

防护位置	护底	护脚	护坡
河道湿地	卵石		生态砖 + 扦插柳枝
漫水桥		浆砌石	浆砌石
跌水堰	铅丝石笼	铅丝石笼	
溪流湿地	蜂巢格室	蜂巢格室	蜂巢格室
湖泊湿地		生态砖 + 扦插柳枝	
生物塘湿地		生态砖 + 仿木桩 + 山石	
岛屿湿地		生态砖 + 实木桩	
单元湿地			种植毯 + 干砌石
出入口段	铅丝石笼		
构筑物上下游	铅丝石笼		
道路地基处理	蜂巢格室		
构筑物连接段			生态砖 + 扦插柳枝

8.5.12　植物群落构建

参考工法：植物配置技法

构建以人工引导为主的水生植物群落，配置氮磷吸收效率高的苦草、狐尾藻等沉水植物，配置时间生态位互补的冷季型沉水植物，配置以芦苇、千屈菜等兼具水质净化与景观的挺水植物品种，并同时在塘内配置立体生态浮岛。

强化水生植物群落吸收、吸附、拦截等净水作用，发挥生境改善、生物载体等作用。

湿地类型	植物种类
浅水湿地（水深 0.5m）	挺水植物
深水湿地（水深 0.5m 以上）	沉水植物 + 浮岛植物
湿生带（水位 0.5m 以上）	扦插柳枝等

▲ 湿地植物群落图

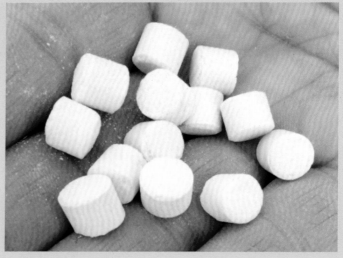

8.5.13　冬季保温

水位调控：封冻前期提高水位，形成冰盖下运行方式，破解表流湿地越冬运行难题。

耐低温菌剂筛选：筛选耐低温性较强的微生物菌剂，在表流湿地、鱼鳞湿地、潜流湿地内投加应用，提升低温期（水温低于15℃时）氮类污染物净化效果。

保温基质材料：潜流湿地区配置珍珠岩、火山岩等基质材料，增强低温期保温效果。

◀ 冬季低水位运行　▶ 耐低温菌剂

◀ 耐低温植物　▶ 保温填料

8.5.14　湿地实景

项目负责单位：中国雄安集团生态建设
投资有限公司
项目负责人：张盼月

白洋淀－大清河生态廊道构建标志性成果

8.6　府河河口湿地水质净化工程

引言

为响应习近平总书记"建设雄安新区，一定要把白洋淀修复好、保护好"的号召，水专项"白洋淀与大清河流域（雄安新区）水生态环境整治与水安全保障关键技术研究与示范"（2018ZX07110）项目课题三"入淀湿地复合生态系统构建技术研究和工程示范（2018ZX07110003）"围绕京津冀河湖水环境质量保障和水生态修复重大科技需求，针对北方地区城市尾水水量大且水质难以满足《地表水环境质量标准》（GB 3838—2002）、暴雨期降水集中导致非点源污染负荷累积、北方湿地生态系统退化、生态景观格局破碎等问题，研发了生态塘群预处理－功能湿地强化污染削减－

近自然湿地生态景观提升成套技术，并应用于 $4.23km^2$ 藻苲淀近自然湿地和 $2.11km^2$ 马棚淀退耕还湿的建设，共处理府河和孝义河上游来水 45 万 m^3/d，保障白洋淀水环境质量稳定达标和生态系统稳定性，有效支撑北方河湖水体的大尺度近自然生态修复和水质提升。

"十三五"水专项"白洋淀与大清河流域（雄安新区）水生态环境整治与水安全保障关键技术研究与示范"（2018ZX07110）项目"北方大型近自然湿地系统构建和水质提升成套技术"已成功应用，未来可推广至更多湿地建设，为流域生态建设提供重要的技术支撑。

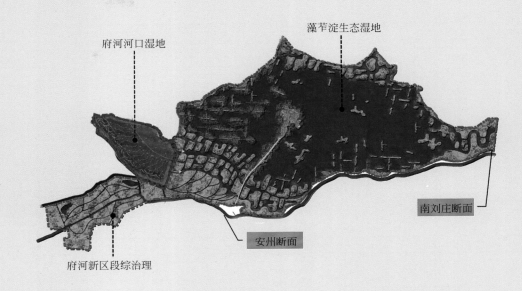

府河河口湿地

藻苲淀生态湿地

南刘庄断面

安州断面

府河新区段综治理

8.6.1 项目概况

参考工法：生物滞留塘法、水平潜流湿地工法、生物塘法

项目名称：府河河口湿地水质净化工程

项目地址：府河、漕河、瀑河三河入淀口区域，西邻西马二村和北头村，东至藻苲淀主淀，北至瀑河南岸，南至漕河北岸

建设目标：以净化入淀水质为主，兼顾上游水污染事故应急、湿地生态恢复及景观功能。在上游来水达到一级 A 标准前提下，保障入淀水质主要指标（TN 除外）提升至地表水环境质量Ⅳ类标准

项目负责单位：中国雄安集团生态建设投资有限公司[①]

工程规模：占地总面积 6345 亩[②]，水质净化有效面积 3225 亩

设计处理水量：25 万 m^3/d

水力停留时间：9.2d

设计进水水质：$BOD_5=10mg/L$、COD=50mg/L、$NH_3-N=5mg/L$、TP=1mg/L

设计出水水质：$BOD_5=6mg/L$、COD=30mg/L、 $NH_3-N=1.5mg/L$、 TP= 0.3mg/L

---

① 设计单位：中国电建集团北京勘测设计研究院有限公司

② 1 亩 ≈666.7m²

8.6.2 工艺流程

结合白洋淀周边的实际情况，在项目选址上游府河、漕河、瀑河设置节制闸，将来水导流至前置沉淀生态塘，通过重力作用来水依次流经潜流湿地、水生植物塘，最终由湿地东南侧流入曹家沟，最终进入白洋淀。

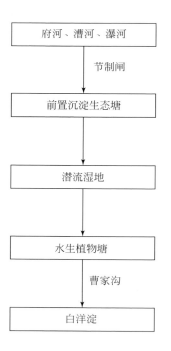

前置沉淀生态塘

由生态塘和好氧塘组成，生态墙面0.20km²，主要起沉淀、水解、配水等作用；好氧塘面积0.36km²，为微生物提供好氧环境，去除NH₃-N和部分有机污染物。

潜流湿地

潜流湿地面积0.65km²，填料以碎石为主，采用"砾石+钢渣"的混合填料，是污染物去除的核心区，通过填料、微生物和植物的过滤、吸附、降解、吸收等途径去除有机物、NH3-N、TN和TP等。

水生植物塘

水生植物面积0.94km²，由沉水植物区、浮叶植物区、苇海台田区和万亩荷塘区组成。生境类型多样生态系统稳定，景观风貌鲜明，生物多样性提升。

8.6.3　平面布置

府河河口湿地水质净化工程鸟瞰图

藻苲淀

◄ 北

水生植物塘系统

水平潜流湿地系统

前置沉淀生态塘系统

所在
位置

府河连通渠

8.6.4　生态滞留塘（前置沉淀生态塘）

参考工法：生物滞留塘法

生态滞留塘为湿地水质净化工程的第一道水质提升功能区，总占地面积 0.82km²，共分为 12 个前置沉淀生态塘单元。

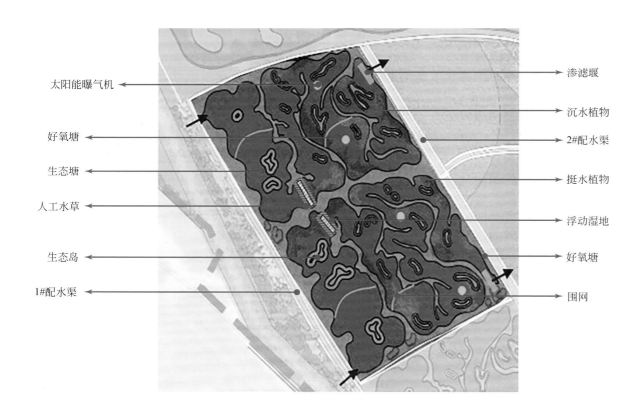

太阳能曝气机

好氧塘

生态塘

人工水草

生态岛

1#配水渠

渗滤堰

沉水植物

2#配水渠

挺水植物

浮动湿地

好氧塘

围网

8.6.5 潜流湿地

参考工法：水平潜流湿地工法

分为 18 个配水分区，总计 288 个处理单体。

设计处理水量：25 万 m^3/d

有效面积：$0.65km^2$

填料高度：1.0m

填料孔隙率：40%

有效容积：26 万 m^3

水力负荷：约 $0.40m^3/(m^2 \cdot d)$

水力停留时间：1.0d

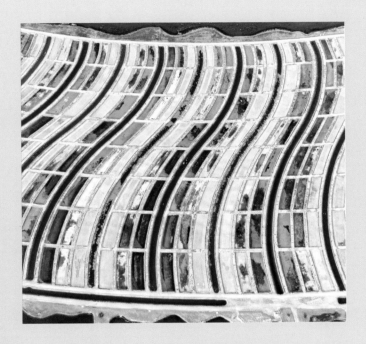

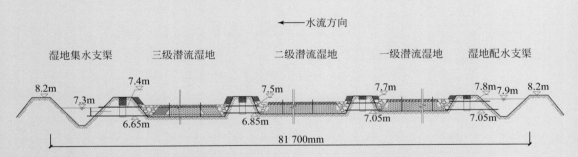

填料：

府河湿地填料使用了 2.5 万 t 比表面积较大和孔隙率较高的高品质沸石填料。根据相关研究实验，5mg/L NH_3-N 浓度下，沸石对 NH_3-N 的吸附容量为 1.19mg/g，去除率高达 85.5%。

沸石水处理滤料主要技术指标	数值
阳离子交换总量（吸氨值）/（mmol/100g）	≥ 120
密度 /（g/cm³）	1.8~2.2
容重 /（g/cm³）	1.2
含土量 /%	≤ 1
含水量 /%	≤ 5

　　在潜流湿地水力负荷为 0.17m³/（m²·d）和 0.25m³/（m²·d）条件下，生态塘－人工湿地系统可有效去除 COD、TP、TN 和 NH₃-N，出水 COD 浓度满足地表Ⅳ类标准，出水 TP、TN 和 NH₃-N 浓度满足地表Ⅲ类水。

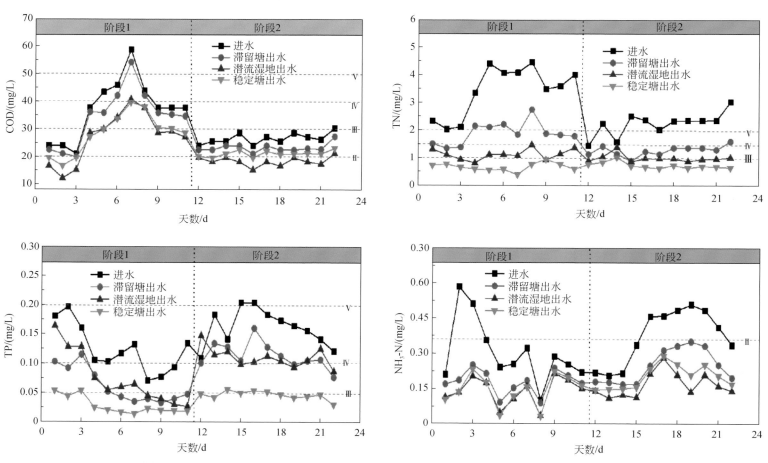

注：潜流湿地可适应高负荷来水，在低温条件下有较好的污染去除效果。

8.6.6　水生植物塘

参考工法：生物塘法

水生植物塘位于净化湿地区末端，根据水质净化需求，结合现有地形高程，综合考虑鸟类、鱼类栖息需求，进行少量的地形改造，设有沉水植物区（2个）、浮叶植物区、苇海台田区（3个）及万亩荷塘区（2个）8个湿地区域。

▲　施工后

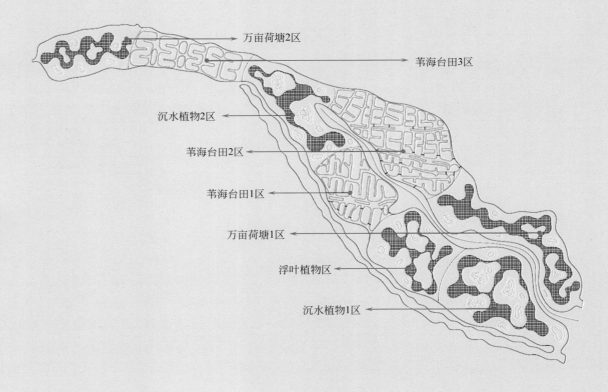

课题承担单位：中国农业科学院、山东大学

8.7　洋河水库河口湿地修复工程

引言

山东大学流域治污科研团队，紧紧围绕国家重点流域水环境质量改善的战略需求，致力于以人工湿地可持续高效稳定运行为核心的流域水污染综合控制和水生态恢复的科技创新工作。其中，应用于洋河水库河口区上游的"低温河道湿地空间梯级配置技术"，采用"冬季多生物协同强化"和"植物生态位调控净化"综合优化调控技术，突破了洋河冬季河道湿地植物退化、生态结构与功能受损、运行效果大幅下降等运行难题，显著提升了水质净化效果，河流氮磷污染物有效削减达到40%以上，实现了低温条件河道湿地的可持续运行，确保洋河水库河口湿地修复工程水质指标达到《地表水环境质量标准》（GB 3838—2002）Ⅲ类标准要求，为区域水环境保护和湿地水质提供了有力保障。

"十三五"水专项已经收官，人工湿地低温稳定运行技术的创新发展仍需不辍奋斗，以建设生态文明为目标，持续向科技创新支撑模式转变，为拓展高质量发展的绿色底色新路径提供原生动力。

8.7.1　项目概况

参考工法：微生物菌剂技法

项目名称：洋河水库河口湿地修复工程

项目地点：洋河水库河口区上游

建设目标：构建低温河道湿地空间梯级配置系统，通过关

键技术的实施，实现低温条件下湿地削减氮磷污染物 40% 以上

依托工程：宣化区管网续建及生态湿地修复工程

湿地面积：面积 2km^2

关键技术：低温河道湿地水质保障技术

技术创新：抗寒湿地植物 – 动物 – 微生物耦合污染物去除体系

项目设计单位：北方工程设计研究院有限公司

课题承担单位：中国农业科学院、山东大学

课题负责人：张建

技术负责人：胡振

8.7.2　工程技术

山东大学流域治污科研团队研发了"植物－动物－微生物"综合协同净化技术，通过构建季节性耐污抗寒植物－动物－微生物耦合去污体系，实现低温条件下河道湿地的稳定运行及污染物的同步高效去除。

适用于低污染河水、城市污水处理厂尾水、农业面源污染径流以及河、湖生态修复。

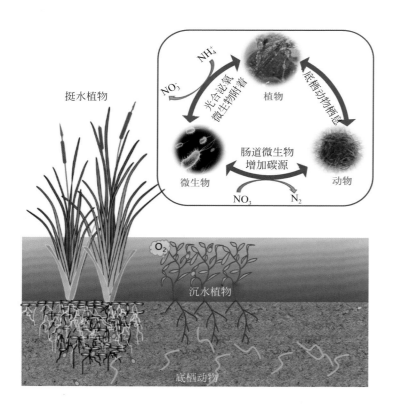

1. 季节性植物配置系统构建

将喜温挺水植物芦苇与抗寒沉水植物苦草、菹草按照种植面积进行 1∶1 配置，构建季节性植物配置系统。

与单芦苇系统相比，冬季低温条件下湿地系统 NH$_3$-N 去除率提高 18.1%，TP 去除率提高 17.6%。

苦草　　　　　菹草　　　　　芦苇

2. 底栖动物强化人工湿地污染物去除技术

三种底栖动物的建议添加量分别为：河蚌 6 个 /m^2、摇蚊幼虫 2g/m^2、田螺 6 个 /m^2。

底栖动物在冬季具有很好的生存活性，其独特的生物扰动作用促进了湿地上覆水中的污染物向基质中的迁移。

湿地基质有氧层的厚度提高 50%，微生物种群结构得到优化，冬季人工湿地对 TN 和 TP 去除率分别提高了 29.5% 和 37.6%。

河蚌　　　　　田螺　　　　　摇蚊幼虫

3. 季节性耐污抗寒植物 – 动物 – 微生物耦合去污体系

基于季节适用性湿地生物的协同强化机制研究，构建喜温、耐寒植物、动物混合配置的人工湿地，完善湿地生态系统，建立具有生态位互补效应的季节性湿地植物和动物数据库；

考虑到底栖动物在野外的繁殖能力及迁移能力，在示范工程中只添加了摇蚊幼虫，添加量为 0.5g/m^2；

植物搭配方面，考虑到菹草泛滥对水库的影响，主要在洋河湿地前端配置了部分菹草，中段和后段以苦草为主，由于水量的影响，实际沉水植物与挺水植物的配置面积为 1∶3。

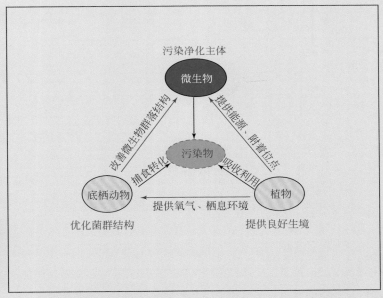

◄ 季节性湿地植物和动物数据库 ► 重构人工湿地生物环

8.7.3　湿地实施效果

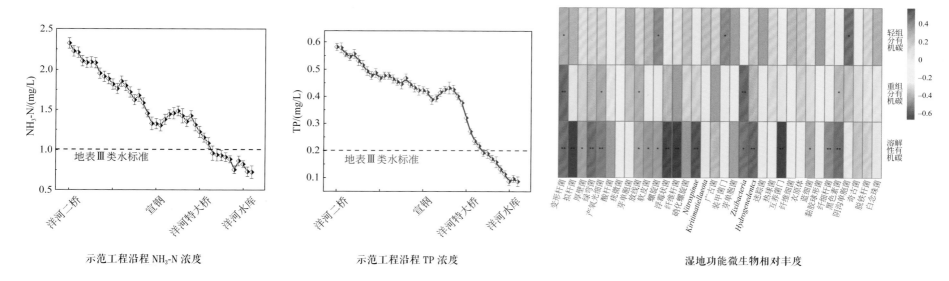

示范工程沿程 NH₃-N 浓度　　　示范工程沿程 TP 浓度　　　湿地功能微生物相对丰度

湿地工程 NH₃-N 去除率为 45.5%~77.2%，TP 去除率为 31.3%~54.3%，洋河入库水质主要指标稳定达标。

基于生态系统完整性的"植物 – 动物 – 微生物"协同强化湿地系统的建设，使洋河河口区域对污染物去除起主体作用的变形菌门微生物明显增加，且在冬季低温时，耐寒底栖动物摇蚊幼虫成为优势物种。

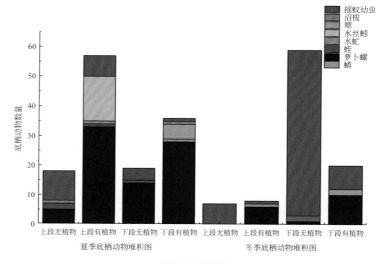

底栖动物堆积图

8.7.4 湿地建设过程

◀ 示范工程施工现场图　▶ 示范工程运行现场图

◀ 示范工程规划鸟瞰图　▶ 示范工程现状（初见成效）

项目负责单位: 天津市武清区水务局
项目负责人: 董立新

北运河生态廊道重构综合示范

8.8　北运河河道岸边带修复工程

引言

天津市水利科学研究院开展了"海河北系（天津段）河流水质改善集成技术与综合示范课题"（2012ZX07203-002）北运河河道水质保持与生态修复技术研究与示范，示范河段位于北运河八孔闸至京津高速之间，总长 3.3km。包括岸边植物修复工程、水体抑藻工程、水体曝气增氧工程和底泥原位修复工程。工程依托北运河郊野公园建设展开，结合区域沿河的景观建设对北运河河道内水质保持与生态修复技术开展示范，重点解决河道水质不能稳定达标的问题。

北运河郊野公园建设主要包括滨水景观带、果林风光带、农业观光带和交通组织 4 项建设工程。

规划范围分成四条带状区域。河道采用复式断面，主槽底宽不小于 60m，两侧各 25m 浅水区，水深 1m，外侧自然放坡形成不小于 140m 宽的水面；河道蓝线到新建漫水路之间为滨水景观带，营建以湿地植物为主的生态景观；漫水路到老堤之间为果林风光带，种植桃、杏、苹果、梨、枣、桑树等适宜武清生长的果树；老堤到两路边界为农业观光带，作为特色农业、设施农业基地，结合各乡镇特色进行农业种植。

示范工程建成后水体水质基本稳定在地表水环境 V 类标准限值。

8.8.1 项目概况

所属课题名称：海河北系（天津段）河流水质改善集成技术与综合示范课题

依托工程：天津市政府提出的"郊野公园"建设计划，2012 年起，实施北运河八孔闸至碱东路段 15km 的郊野公园建设

建设地点及规模：示范河段位于北运河八孔闸至京津高速之间，总长 3.3km

示范技术：北运河河道水质保持与生态修复技术研究与示范

实施进展：示范工程河段内水体稳定达到地表水 V 类

项目负责单位：天津市武清区水务局

项目设计单位：黄河勘测规划设计研究院有限公司

技术负责人：董立新

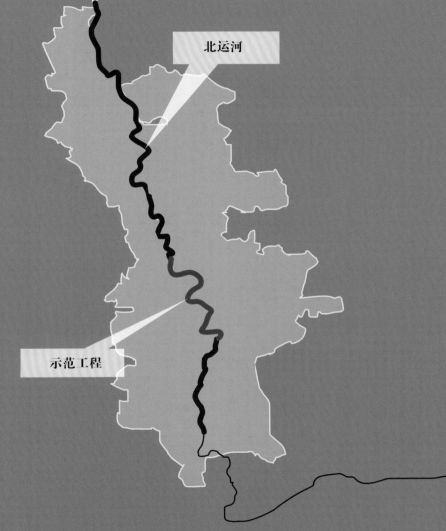

北运河

示范工程

▼ 滨水景观

8.8.2　岸边植物修复工程

北运河八孔闸至碱东路段设计行洪流量 300m³/s，在未整治前，水面宽度 30~50m，两堤之间宽窄不一，滩地最宽处达 3km，由于河道淤积严重，主槽不能满足过流要求。因此工程建设一方面提高河道的行洪排沥能力，另一方面通过利用水面和宽阔的滩地资源打造生态绿色的自然风光。

滨水景观带、果林风光带、农业观光带和交通组织 4 项建设工程规划范围分成四条带状区域。河道采用复式断面，主槽底宽不小于 60m，两侧各 25m 浅水区，水深 1m，外侧自然放坡形成不小于 140m 宽的水面。

设计理念：生态之河、文化之河、运动之河；自然、生态、大绿

农业观光带　　果林风光带　　滨水景观带　　　　　　河道蓝线　　　　　　滨水景观带　　果林风光带　农业观光带

11.0m　　9.0m　8.7m　　　　8.0m　　　　　8.7m　9.0m　　11.0m

1:4　7.0m　　3.2m　　　7.0m　1:4

主槽底宽60m
水面宽140m

设施农业　河堤　苗圃、果园　漫水路　滨河景观　　　　　　　　　　　滨河景观　漫水路　苗圃、果园　河堤　设施农业　五香路

8.8.3 水体抑藻工程

发表一项发明专利：太阳能水面除藻系统及水面除藻方法。

水体抑藻工程位于八孔闸上水面及上游河道内，共布置太阳能除藻仪 7 台，间距 100m。

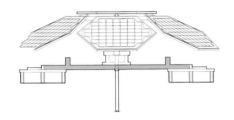

8.8.4 水体曝气增氧工程

水体曝气增氧工程位于筐儿港枢纽闸下，喷泉布设于筐儿枢纽闸下靠河右侧水面区域，共 200m，设 200 个专用喷头，200 个专用控制阀，20 台水泵。

▲ 太阳能水面除藻系统

▼ 喷泉曝气机

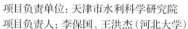

项目负责单位: 天津市水利科学研究院
项目负责人: 李保国、王洪杰（河北大学）

8.9 独流减河天津宽河槽湿地改造工程

引言

天津独流减河是海河南系下游地区最大的河流，独流减河属于人工开挖泄洪河道，其干流连接了北大港湿地自然保护区和团泊鸟类自然保护区两个滨海湿地生态环境保护区，在防洪、灌溉功能以外还具有特殊的生态重要性。根据考察统计数据，独流减河每年迁徙和繁殖的鸟类近 100 万只，其中国家一二级保护鸟类23种，达国际"非常重要保护意义"标准鸟类17种。根据《天津市空间发展战略规划》，"北大港 – 独流减河 – 团泊洼"构成天津市南部地区贯穿东西的生态廊道，是规划中"南生态"建设的核心地带。

然而，独流减河各监测断面近几年常规污染物的监测数据显示：独流减河水质总体处于 V 类与劣 V 类水平，水体呈重度污染水平，难以稳定达到水环境功能区划要求。究其原因，其一，本地污染来源复杂，污染物排放量大；其二，上游来水不足，缺乏补充水源；其三，河流滞缓，自净能力差。水体退化导致生态系统严重退化，迁徙和繁殖的候鸟数量也不断减少。

天津市生态环境科学研究院牵头,北京科技大学、天津大学、天津市水利科学研究院、华北电力大学、南开大学共同开展宽浅型河槽生态功能改善与湿地水质净化技术集成与综合示范课题工作。独流减河天津宽河槽湿地改造工程实施后，出水主要水质指标达到水环境功能区（地表水 V 类）要求，植被生物多样性指数（香农指数）由 2014 年的 0.86 提高到 2017 年的 1.03；底栖生物多样性指数（香农指数）由 2014 年的 0.62 提高到 2017 年的 0.88 ；植被覆盖度由 2015 年的 34.54% 增加到 2017 年的 69.09%。

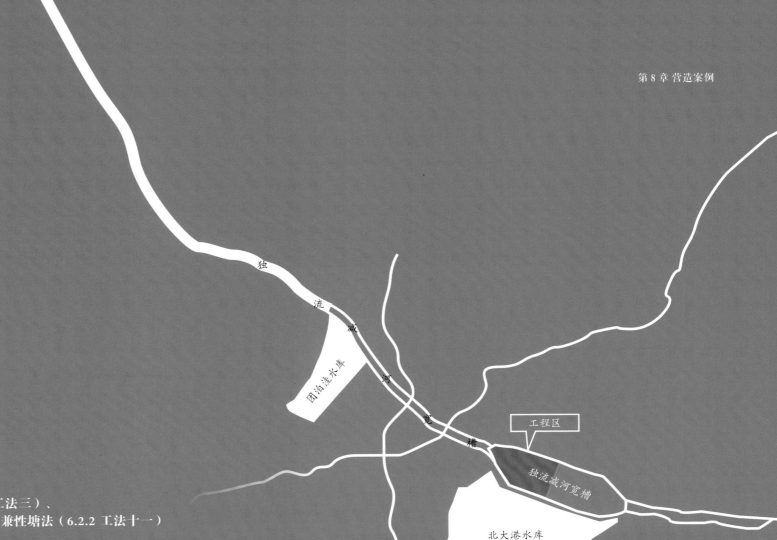

独流减河

团泊洼水库

河

宽

槽

工程区

独流减河宽槽

北大港水库

示范区位置图

8.9.1 项目概况

参考工法：沉淀池法（1.4 工法三）、
表流湿地法（6.3 工法九）、兼性塘法（6.2.2 工法十一）

项目名称：独流减河天津宽河槽湿地改造工程

项目地址：天津市独流减河下游，天津市区东南侧，大港、西青、静海、津南四区交界地段，西起万家码头大桥，东至东千米桥

建设目标：建成面积不小于 $3km^2$ 的湿地示范区，湿地出水 COD、NH_3-N 等水质指标达到水环境功能区（地表水 V 类）要求，示范区内植被香农生物多样性指数由现状的不足 1.0 提高 15%，达到 1.0 以上（以 2014 年为基准年）

依托工程：美丽天津·一号工程

技术单位：天津市水利科学研究院

建设规模：示范区面积为 $27.82km^2$

项目负责人：李保国、王洪杰（河北大学）

8.9.2 工艺流程及总平面

按照因地制宜的原则,结合示范区现状地表高程,将宽槽滩地浅水区改造为表流湿地,废弃坑塘改造为兼氧性稳定塘;

工程利用围埝将湿地与外界隔离开,利用隔埝将湿地划分为串联式连接的水量调节区、表流近自然湿地区和兼氧稳定塘区3个功能区域。

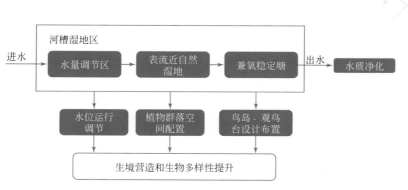

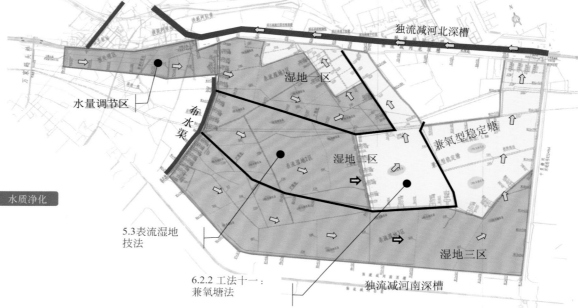

8.9.3　功能分区

水量调节区位于最上游，起泥沙沉降、水质均化和预增氧作用，水量调节区起始端沿宽河槽修筑围埝，使湿地成为相对独立区域，利于水流循环。

表流近自然湿地位于水量调节区的下游段。与水量调节区连接处建布水渠和布水埝，利于水流均匀。按照湿地长宽比不应小于 3：1 的原则，用隔埝将表流近自然湿地分为 3 个并联区。

兼性稳定塘净化区位于最下游，起兼氧－厌氧和反硝化作用。与上游表流近自然湿地之间由隔埝隔开，隔埝上建若干溢流堰，保证水流的顺畅。兼性稳定塘与北深槽相接段设穿堤涵闸，控制出水水位及流量。

通过导水埝、连通渠、浅水型湿地、深水型稳定塘、水鸟栖息岛的有机结合与合理布局，构造一个兼顾鸟类保护与水质净化的湿地景观。

8.9.4 植物配置

受盐碱地影响，独流减河湿地原生植物种类较少，表流湿地内植物配置以芦苇为主，兼氧性稳定塘内以狐尾藻、篦齿眼子菜、金鱼藻、黑藻和菹草等沉水植物为主。

遵循"乡土种优先、多样性、水质净化为主兼顾景观和经济性"的原则，对水鸟栖息地及埝坡补种芦苇，给水鸟营造安全的隐蔽环境，在稳定塘中补种沉水植物。

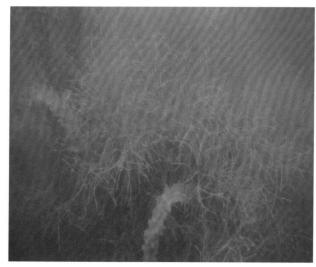

◀ 芦苇　▶ 菹草

◀ 黑藻　▶ 篦齿眼子菜

8.9.5 鸟类生境保护

独流减河宽河槽湿地是北大港湿地的重要组成部分,该湿地栖息有白鹭、东方白鹳等多种水鸟,是候鸟迁徙重要的一站。

水鸟适宜栖息地构建:

水鸟适宜栖息地为水深小于 0.6m 的浅水区、草洲、泥滩地等;

施工后,表流近自然湿地水深为 0.2~0.7m,兼氧型稳定塘水深不小于 1.2m。

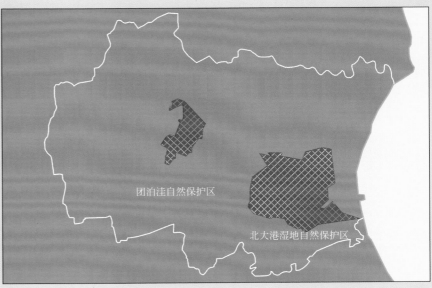

◀ 观测到的独流减河流域国际重要鸟类指示物种　　▶ 独流减河流域国际重要鸟类和生物多样性区域划定

1. 湿地建设过程

湿地补水水源为海河及市区二级河道微污染水，净化后的河水经洪泥河回供海河。湿地设计进水流量 86 万 m^3/d，设计出水流量 80 万 m^3/d。出水水质达到水环境功能区要求（NH_3-N ≤ 2.0mg/L，TN ≤ 3.0mg/L，TP ≤ 0.4mg/L）。

◄ 建设前　► 建设中

▼ 建设后

2. 实施效果

建设规模化湿地 27.82km²。

出水主要水质指标达到地表水 V 类标准。

水生植物生物多样性指数、底栖动物多样性指数分别提高了 19.8% 和 38.7%。

2018 年 7 月监测结果			（单位：mg/L）
监测点	COD	NH$_3$-N	TN	TP
DLK01	46.95	0.07	1.92	0.18
DLK02	53.84	0.05	1.98	0.19
DLK03	58.03	<0.03	1.86	0.13
DLK04	—		—	—
DLK05	45.41	0.11	1.45	0.17
DLK06	1609.73	<0.03	51.50	3.77
DLK07	31.57	0.03	0.16	0.16
DLK08	45.41	<0.03	0.11	0.11
DLK09	49.20	<0.03	0.57	0.57
DLK10	—		—	—

2018 年 8 月监测结果			（单位：mg/L）
监测点	COD	NH$_3$-N	TN	TP
DLK01	1.92	0.42	2.41	0.20
DLK02	60.56	0.38	2.38	0.08
DLK03	58.96	0.34	2.00	0.08
DLK04	46.13	0.17	1.35	0.06
DLK05	44.90	0.25	1.70	0.05
DLK06	179.28	0.31	3.07	0.14
DLK07	—	—	—	—
DLK08	42.43	0.14	1.20	0.04
DLK09	37.65	0.21	1.87	0.18
DLK10	—		—	—

2018 年 9 月监测结果			（单位：mg/L）
监测点	COD	NH$_3$-N	TN	TP
DLK01	19.22	0.31	3.79	0.39
DLK02	27.96	0.34	2.35	0.40
DLK03	20.09	0.33	1.53	0.39
DLK04	33.20	0.10	0.97	0.04
DLK05	15.72	0.07	0.84	0.04
DLK06	36.69	0.06	2.26	0.06
DLK07	21.84	0.03	1.84	0.07
DLK08	8.74	1.69	1.25	0.05
DLK09	15.72	0.09	1.65	0.08
DLK10	24.46	0.03	2.51	0.18

2018 年 10 月监测结果			（单位：mg/L）
监测点	COD	NH$_3$-N	TN	TP
DLK01	30.58	0.24	2.78	0.14
DLK02	41.06	0.24	2.49	0.14
DLK03	27.96	0.22	2.56	0.15
DLK04	33.20	0.17	2.66	0.05
DLK05	28.83	0.18	2.48	0.05
DLK06	43.68	0.33	3.26	0.10
DLK07	21.20	0.16	2.17	0.04
DLK08	23.59	0.12	2.18	0.05
DLK09	31.42	0.23	2.78	0.08
DLK10	41.93	0.15	3.30	0.09

3. 河岸生态功能修复

示范技术：兼顾鸟类生境及截污净化的河岸生态功能修复技术

示范区地点：天津市独流减河，团泊洼水库至独流减河宽河槽之间河岸带

考核指标：长度不小于 20km，改变现状乔灌缺失状态，恢复乔灌草立体植被面积不小于 300hm²，示范河岸带内立体乔灌草植被覆盖度不低于 60%

技术单位：天津市生态环境科学研究院

依托工程：独流减河绿化工程

示范区规模：独流减河左岸和右岸河岸带长 24km，恢复植被总面积为 369hm²

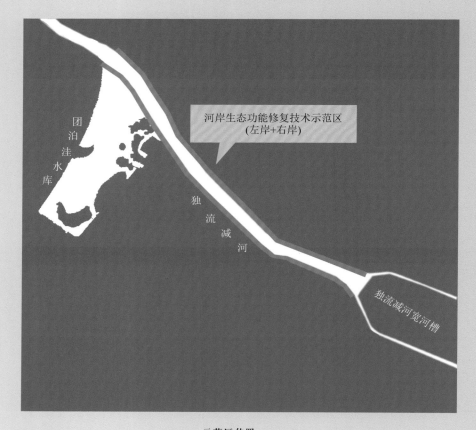

示范区位置

4. 鸟类栖息地营造

选用截污净化的优势种，根据河岸自然地理特征，营造不同鸟类的栖息地生境。

| 岸坡植被带 | 坡滩植被带 | 湿地植被带 | 水生植被带 |

- 乔木种植毛白杨、刺槐、臭椿、榆树、垂柳、白蜡等高大落叶阔叶植物，形成疏林植物群落，组成连续性的生态走廊。

- 林下配置狗尾草、裂叶牵牛落、马唐群落、乳苣群落、杂草类草丛。

- 乔木种植火炬树、榆、金叶槐等落叶阔叶植物。

- 灌木主要配置柽柳。

- 林下配置狗尾草、芦苇、狗牙根、杂草类草丛。

- 主要种植湿生草本植物。

- 草本物种选择狗尾草、乳苣、芦苇、苘麻、鹅绒藤、刺儿菜、萝藦、打碗花、狗娃花、碱蓬、杂草类草丛。

- 种植水生植物。

- 中上游处种植香附子、苘麻、芦苇、稗、长芒稗。

- 下游种植芦苇、小飞蓬、碱蓬、荆三棱、香附子等。

林鸟栖息地生境营造　　　　　　　　　　　　　水鸟栖息地生境营造

项目负责单位：中国水利水电科学研究院
项目负责人：骆辉煌

永定河（北京段）河流廊道生态修复技术与示范

8.10 永定河绿色生态发展带"五湖一线"生态工程

引言

永定河绿色生态发展带"五湖一线"生态工程是"京津冀区域综合调控重点示范"工程的内容之一，针对永定河（北京段）三家店至南六环路区段人工景观蓄水河段再生水补给为主、水质不达标、水生态功能不健全、水华频发等问题，研发人工景观蓄水河段生态功能单元优化调整技术、人工景观缓滞水体流态调整与分区水力调控协同技术、景观缓滞水体水质净化技术、景观水体群水华预警及应急处置等技术，形成河道大型人工景观缓滞水体群生态功能提升关键技术，综合解决河道大型人工景观缓滞水体群生态功能提升的问题。生态工程实现了水华暴发（叶绿素 a > 100μg/L）频次低于 5 次 /a、面积控制在 20hm² 的目标。

8.10.1 项目概况

项目名称：永定河绿色生态发展带"五湖一线"生态工程

项目地址：北京永定河沿线

建设目标：建设景观缓滞水体生态功能提升示范工程，示范水域面积不低于 $100hm^2$，水华暴发频次低于 5 次 /a、面积控制在 $20hm^2$

子课题牵头单位：中国水利水电科学研究院

子课题参与单位：北京市水科学技术研究院

子课题负责人：骆辉煌

示范工程负责人：冯顺新、崔晓宇、窦鹏

建设规模：生态修复河段长度 18.4km，面积共 $800hm^2$

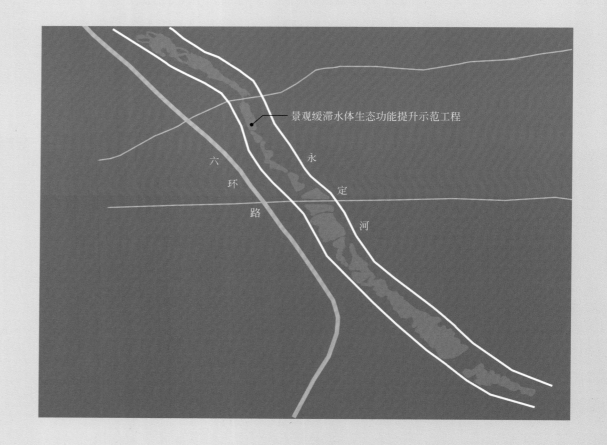

景观缓滞水体生态功能提升示范工程

8.10.2 河道内生态功能提升技术

1. 人工景观缓滞水体水量、水质、生境与生物 4 要素监测与综合评价技术

植物最佳组合：菹草 + 金鱼藻（4~5 月）、金鱼藻 + 狐尾藻（6~8 月）。

沉水植物盖度阈值为 30% 左右，生物量为 500 g/m²。

2. 改善生态功能的关键空间与时间控制节点

水华主要受到磷酸盐输入以及水动力条件的影响。空间上，暴发区域主要是在莲石湖的八号湖和主湖区的上游区段；时间上，以 7~9 月为主。

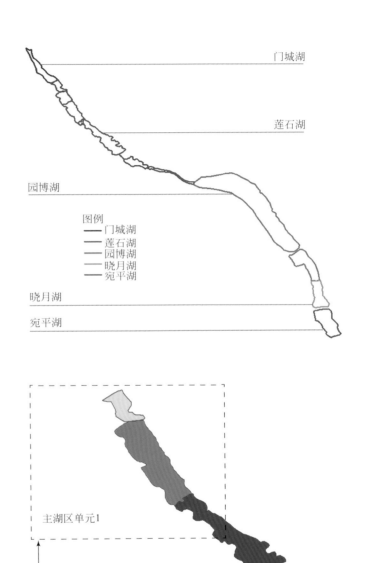

3. 人工景观缓滞水体流态调整与分区水力调控协同技术

下游河湖如莲石湖主景区的藻类浓度受降水期上游来水藻类浓度的影响明显。

建议 3 月在上游适当补水，使芦苇快速生长期 (4~5 月) 之前湖中水位满足挺水植物的正常生长。

补水先期维持湖泊高水位运行，待水位淹没挺水植物带 1 周后，维持低水位运行（水深不能超过光补偿深度，以莲石湖为例，建议水深不超过 4.5m），以促进沉水植物生长。

补水方案按照少量多次运行，待水生植物度过初春生长期后再大量补水。

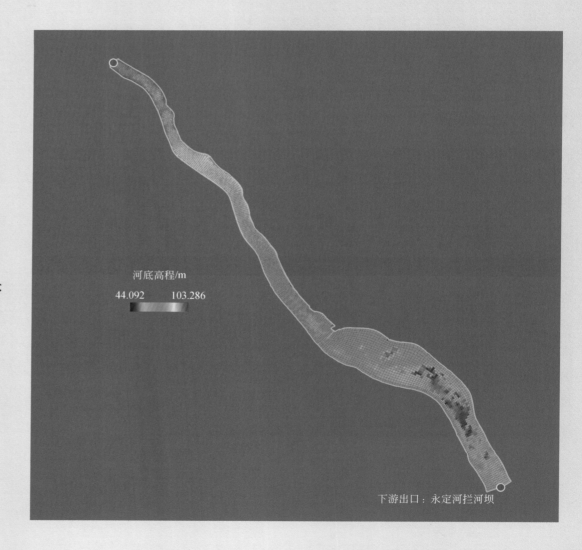

河底高程/m

44.092　　103.286

下游出口：永定河拦河坝

4. 景观缓滞水体生物链优化调控技术

引入食藻虫，利用生物的竞争效应抑制藻类的生长，与虫控藻、鱼食虫等形成食物链，完善水下森林结构。

在生物链第二和第三营养级，补充中华圆田螺、圆顶珠蚌等底栖软体动物和沼虾、中华绒螯蟹等底栖甲壳动物，调整鱼类的种类和密度，构建"食藻虫 – 水下森林 – 水生动物 – 微生物群落"共生系统。

实现浮游藻类密度稳定在 50 μg/L 左右，远低于考核指标的 100 μg/L。

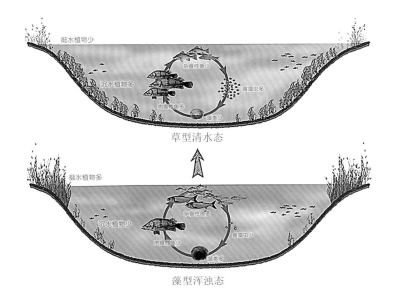

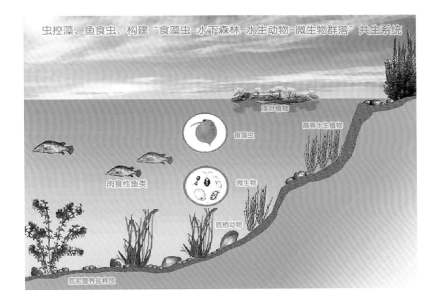

5. 景观缓滞水体水质净化技术

筛选适宜沉水植物，修复水下森林，重构群落演替。

莲石湖水下森林种植及管护方案：耐寒和耐热沉水植物搭配，形成垂直分层。

配置植物后，莲石湖水体水质稳定优于地表水Ⅳ类标准。

耐寒的沉水植物：菹草、伊乐藻。

耐热的沉水植物：苦草、狐尾藻。

深水区适宜的沉水植物：菹草、伊乐藻、轮叶黑藻。

浅水区适宜的沉水植物：苦草、狐尾藻。

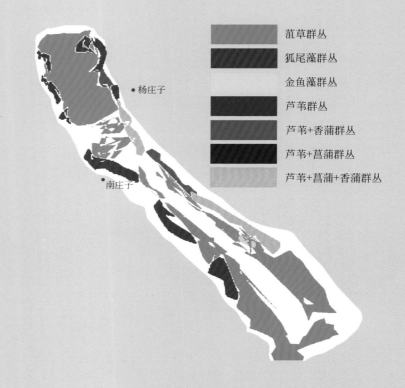

	菹草群丛
	狐尾藻群丛
	金鱼藻群丛
	芦苇群丛
	芦苇+香蒲群丛
	芦苇+菖蒲群丛
	芦苇+菖蒲+香蒲群丛

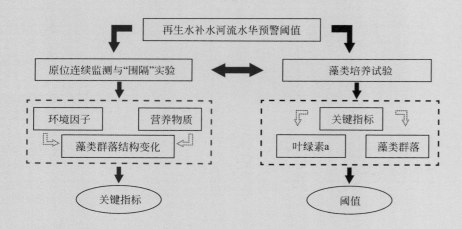

6. 景观水体群水华预警及应急处置技术

建立神经网络模型确定水华预警模型构建的关键指标及指标阈值。

水华预警指标阈值：TN 浓度 0.9~1.9mg/L、TP 浓度 0.07~0.19mg/L、连续 5 天平均气温基本上都在 25℃以上、连续 5 天平均风速在 2.6m/s 以下、气压低于 1005 hPa。

8.10.3 工程实施

实施复合生态浮动湿地技术、水循环复氧技术、微生物菌剂、人工水草等原位净化技术，同时对关键参数进行优化、组合。

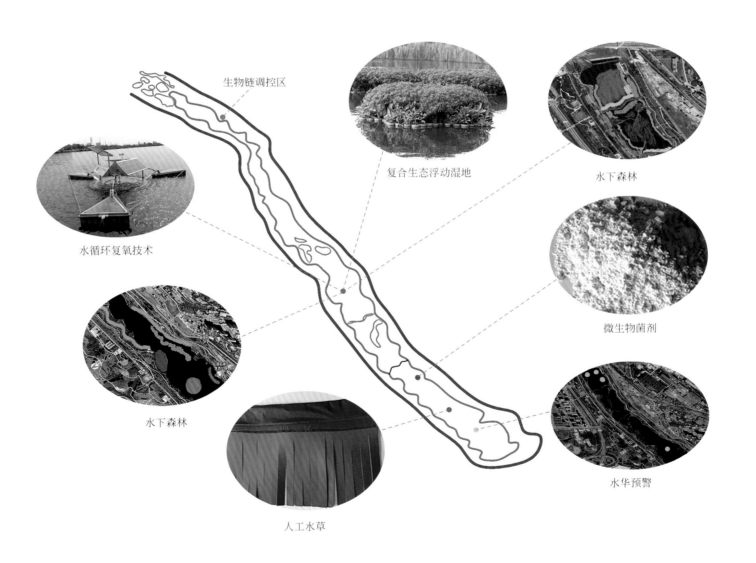

生物链调控区

水循环复氧技术

复合生态浮动湿地

水下森林

微生物菌剂

水下森林

人工水草

水华预警

8.10.4　施工现状

8.10.5　工程实施效果

项目负责单位: 北京国环清华环境工程设计研
究院有限公司
项目负责人: 黄守斌

8.11　廊坊市大清河水质净化工程

引言

廊坊市大清河水质净化工程属于河北省廊坊市水质净化项目，位于文安县滩里镇安里屯一村及安里屯二村东侧，大清河下游南岸与天津静海区的交界处。本工程以净化大清河河水为目标，建设人工湿地系统及配套工程，设计处理规模 10 万 m³/d，总占地 461 亩。项目处理工艺为预处理（生态滞留塘）+ 复合人工湿地（前区潜流湿地 + 表流湿地 + 后区潜流湿地）。

人工湿地的工程化是将污染物自然处理的理念向工程强化处理领域的延伸，兼顾污染物的自然处理和强化处理设施。大型人工湿地的建设理念应自成特点，不应对当前人工湿地规范及指南工法生搬硬套，将其设计和建设演变为对既有单元设计形式的套用的数量堆积，不

但造成建设造价的浪费，而且完全违背了自然处理的初衷。若干年后湿地废弃，使用材料应能回收利用，土地较快恢复自然状态，而非留下大量钢筋混凝土类建筑垃圾形成一个新的"垃圾场"。

潜流湿地的常规设计受到集配水及整流均匀性的制约，湿地单元分区面积及长度受限，尤其是对占地面积如此之大的大型湿地，常规设计分区分级细碎，多单元多级导致整流积累的水头损失过大，在自然地形高差条件不足的平原地区难以实施，或不得不设置中间提升环节解决问题。独立单元过多的潜流湿地系统也存在内部构造烦琐、施工难度大、耗费材料、建设造价高的问题。

8.11.1 项目概况

参考工法：水平潜流湿地法、表流湿地技法

项目名称：廊坊市大清河水质净化工程

项目地址：河北省廊坊市文安县

建设目标：净化大清河河水

项目负责单位：北京国环清华环境工程设计研究院有限公司

课题承担单位：河北省生态环境科学研究院

项目负责人：黄守斌

设计处理规模：10 万 m³/d

建设规模：461 亩

建设工程：潜流 + 表流 + 潜流人工湿地

配套工程：河道引水管涵、退水管涵、提升泵站、管理用房及道路、绿化、围墙等附属工程

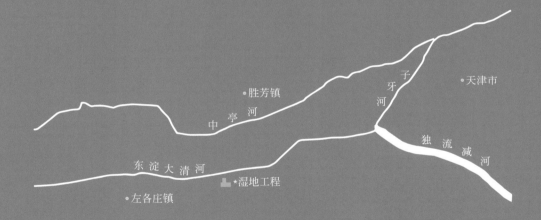

指标	pH	COD/（mg/L）	TP/（mg/L）	NH₃-N/（mg/L）
进水	6~9	55	0.5	2.0~3.0
出水	6~9	30	0.3	1.5
去除率/%	—	45.5	40	25~50

8.11.2　总平面布置

主要单元包括生态滞留塘、一区潜流湿地、二区表流湿地、三区潜流湿地、稳定塘等。

序号	构筑物名称	规模	规格
1	引水管涵	200m	ϕ1000HDPE
2	生态滞留塘	3300m²	
3	进水泵房	1座	
4	一区潜流湿地	131亩	并列两组，每组8个子区
5	二区表流湿地	142亩	22个单元段
6	三区潜流湿地	151亩	并列两组，每组7个子区
7	稳定塘	2700m²	水深1.5m
8	出水管涵	220m	ϕ1200HDPE

工艺流程：大清河水——引水管涵——生态滞留塘——提升泵房及配水——一区潜流湿地——二区潜流湿地——三区潜流湿地——稳定塘——大清河

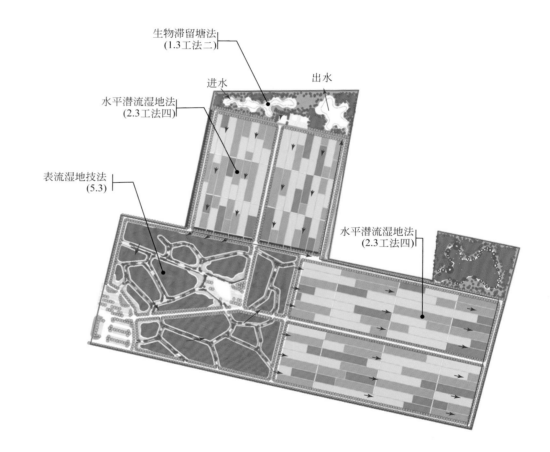

8.11.3 生态滞留塘

参考工法：生物滞留塘法（1.3 工法二）

功能：对引入的大清河水进行预沉处理，减少泥沙带入，避免对湿地形成阻塞。

植被配置：前置区种植乔木和灌木，乔木可种植梧桐、白杨、银杏等；公园内行道树下地被以半阴性植物为主；滞留塘内种植沉水及浮水植物。

▲ 生物滞留塘

▼ 稳定塘

8.11.4 潜流湿地设计

参考工法：水平潜流湿地工法（2.3 工法四）

一区潜流湿地占地面积 131 亩，湿地深度 1m，共分 16 组并联运行，种植芦苇、菖蒲、水葱、茭白等植物。

潜流湿地设计负荷：

COD 负荷 12 g/（$m^2 \cdot d$）；

NH_3-N 负荷 0.9g/（$m^2 \cdot d$）；

COD 去除率 ≥ 45%，出水 COD ≤ 30 mg/L；

NH_3-N 去除率 ≥ 50%，出水 NH_3-N ≤ 1.5mg/L；

潜流湿地有效面积 > 160 000m^2，水力负荷 0.68m^3/（$m^2 \cdot d$）。

植物生长基质采用砾石，粒径 6~60mm，基质厚度约 1000mm，平均水深 0.85m。

防渗方式：

采用 HDPE 土工膜防渗，土质基础经压实后依次铺设 300mm 厚压实黏土、HDPE 土工膜、土工布及压实的素土保护层。

8.11.5　潜流湿地植物配置

参考工法：　植物配置技法

潜流湿地占地面积 131 亩，湿地深度 1m，共分多组并联运行，种植芦苇、菖蒲、水葱、茭白等植物。

植物名称	植物类型	生长习性	种植密度 /（株 /m²）	功能
茭白	挺水植物	喜温暖湿润的气候	9	景观作用
香蒲	挺水植物	花期 5~8 月；喜温暖湿润气候及潮湿环境，以选择向阳、肥沃的池塘边或浅水处栽培为宜	20	净化作用
菖蒲	挺水植物	生性粗放，适应能力强；多生于池塘、湖泊岸边浅水区	30	净化作用
芦苇	挺水植物	花期 8~11 月；多生于湿地和浅水中	16~20	净化作用
水葱	挺水植物	花期 6~9 月；耐低温，北方大部分地区可露地越冬	16、15、8	净化作用

8.11.6 表流湿地

占地面积：142 亩

湿地深度：1m

植被配置：

具有一定的净化功能；

同时考虑营造季相变化；

6 种水生湿地植物、3 种乔木，若干种阳性 / 半阴性植物。

 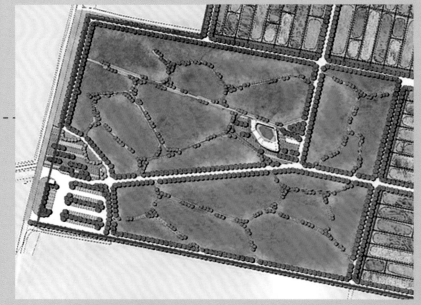

◄ 表流湿地实景 ► 表流湿地效果图